人机融合

——超越人工智能——

刘伟◎著

清華大學出版社
北　京

内 容 简 介

人机融合智能是人工智能的发展趋势，并已经成为提升国家竞争力、维护国家安全、引领未来的重大战略性技术。本书着眼于国家对智能领域发展的战略布局，从人机融合中的深度态势感知视角，研究人类智慧、机器智能与环境系统的相互作用与融合机制，以及人机分工配合与协同决策的认知、哲学、社会、科技、军事理论与方法，为国家智能领域发展战略提供基础理论支撑。

本书可作为科研院所科技人员、博士研究生和硕士研究生、高年级本科生，以及人工智能、大数据、互联网、移动云计算爱好者等的读物。

图书在版编目（CIP）数据

人机融合：超越人工智能 / 刘伟著 . —北京：清华大学出版社，2021.3（2024.1 重印）
ISBN 978-7-302-57431-6

Ⅰ . ①人…　Ⅱ . ①刘…　Ⅲ . ①人工智能 – 普及读物　Ⅳ . ① TP18-49

中国版本图书馆 CIP 数据核字（2021）第 019669 号

责任编辑： 白立军
封面设计： 杨玉兰
责任校对： 李建庄
责任印制： 宋　林
出版发行： 清华大学出版社
　网　　址： https://www.tup.com.cn，https://www.wqxuetang.com
　地　　址： 北京清华大学学研大厦 A 座　**邮　　编：** 100084
　社 总 机： 010-83470000　**邮　　购：** 010-62786544
　投稿与读者服务： 010-62776969, c-service@tup.tsinghua.edu.cn
　质量反馈： 010-62772015, zhiliang@tup.tsinghua.edu.cn
印 装 者： 三河市东方印刷有限公司
经　　销： 全国新华书店
开　　本： 148mm × 210mm　**印　张：** 11.75　**字　　数：** 261 千字
版　　次： 2021 年 4 月第 1 版　**印　　次：** 2024 年 1 月第6次印刷
定　　价： 59.00 元

产品编号：072647-01

谨以此书致母亲朱民华

前言

为什么要写《人机融合——超越人工智能》这本书呢？简单地说，是从怀疑开始的……

自从 2013 年 10 月从剑桥大学访学回国以来，对以机器学习为代表的新一代人工智能浪潮越发不安，不是要全面否定机器学习的作用（它的巨大作用大家有目共睹，在此就不再一一列举了），而是担心它对未来智能领域的阻碍和羁绊。正如机器学习的领导者之一迈克尔·乔丹（Michael I. Jordan）所言："我讨厌将机器学习称为 AI，前者不过是其中的一部分，IA（智能增强）或许更适合定义如今智能技术的发展……人们对所谓的 AI 不能有太大期待，这些不过是建立一个'聪明'的自动化系统。"那当前人工智能实际的能力与人们真正期望的智能之间的差距到底有多大呢？未来的智能又会以什么样的方式呈现在人们的生活中呢？人工智能的起源真的如许多专家学者演讲报告、学术论文中所谈、所写的一样吗？……带着这些好奇和疑问，结合自己在外和在内看到、听到、读到、学到、研到、思到、悟到、查到、找到的一些东西写了下来，期间得到了许多良师益友的帮助和启发，初步形成了这本书，同时也为下一本书打下基础。下面就是我怀疑的开始部分，希望大家不吝指正，谢谢为此提出真知灼见的朋友们。

许多事、物常常同时发生在物理域、信息域、认知域和社会域 4 个领域，其中既有事实性，也有价值性，有时还有责任性。相比之下，人机融合中事实性的数据输入、推理、决策变化较小，而价值性的信息、知识认知过程弹性较大，如何把事实性与价值性的合成机制搞清楚将成为人机融合智能的关键问题，这也是人工智能之所以“不智能”的根源：“有（事）实无价（值）”。

现有的智能基本上都是形式化的事实计算，而缺少了意向性的价值算计，所以仅是解决了极小部分的智能问题——部分的自动化，距离期待的智能还远之又远……这是因为人工智能或者自动化只解决了外在的输入、处理和输出，而忽略了更重要的内在的输入、处理和输出。

输入分为内外两种输入形式，其中眼、耳、鼻、舌、身是外输入，思、省、悟、意是内输入，语言是一种内外结合的输入形式。

处理也分为内外两种处理形式，其中自下而上的（公理性）计算是外处理，自上而下的（非公理性）算计是内处理，计算计（计算+算计）是一种内外融合的处理形式。

输出分为内外两种输出形式，其中逻辑事实型决策是外决策，直觉性（非逻辑）价值型决策是内决策，事实价值型混合决策是一种内外契合的输出形式。

可以把外在的输入、处理、输出统称为事实性形式化，把内在的输入、处理、输出统称为价值性意向化，那么人机融合智能的本质就是形意化的事实与价值的共同体。

形式化的事实计算各种参变量近似线性关系，而意向性的价值算计本质上不是处理各个参变量元素的关系，而是处理各种关系的相互作用。意向性的价值算计相当于重新任意切分、重组、自由排列组合各种异构形式化的事实计算。

任何智能系统都需要纠错，计算计的概念，即计算 + 算计，可以作为纠错机制体制机理机构设计，实现维特根斯坦非家族相似性融通补偿验证。真正的智能或者是人工智能不是抽象的数学系统所能够实现的，数学只是一种工具，实现的只是功能而不是能力。只有人才产生真正的能力。所以，人工智能是人、机器、环境、系统相互作用的产物，未来的智能系统也应是人的算计结合机器计算以及环境变化所得出的洞察结果。自动化是确定性的输入，可编程的处理，确定性的输出；人工智能是部分确定性的输入，可编程的处理，部分确定性的输出；智能是不确定性的输入，不可编程的处理，不确定性的输出。人工智能（含自动化）与智能的区别是：一个是功能，一个是能力。很多人期望的是能力，而不是功能，即通过人工智能功能手段实现智能能力目的，这就是理想与现实的矛盾之所在，同时也是人们失望之所在：把功能看成了能力。功能，指事物或方法所发挥的有利作用，非生命体的非主动效能，如锤子、汽车、机器人等的功能。能力，是完成一项目标或者任务所体现出来的主动性综合素质，也是生命物体对自然探索、认知、改造水平的度量，如人的某方面能力、动植物的生殖能力等。

其实，人工智能中的智能机理就是交和互。一个好的战斗机飞行员、一个好的管理者常常是打破交互规则的人，他不是没有规则，而是有自己的规则，在交互界面中游走的“艺胆”规则。交是浅层的碰触混合，互是深入的渗透融合，好的交互需要情感的注入，例如同情、共感、勇气、热爱、好奇、意愿、责任等。所以很多界面仅是只交不互，很多人机更是交而不互，人与人之间常常用“交＋情”“交＋流”“交＋道”“交＋涉”“交＋好”“交＋恶”“交＋织”“交＋换”“交＋易”等词表征,这些“交”后面字才有“互”的含义。只有站在系统的角度上，才能洞察复杂、智能、赛博空间的本质和真实性。也只有站在系统角度，才能明白算法模型及其内外部的交互联动，才能清楚人、机（物）、环境融合智能为何物。

AlphaGo再怎么厉害，始终都是在设定规则下，为达既定目标（我方占位数量比对手多）而进行的系列自动计算和应对。对于没有既定规则、缺乏既定目标、无法进行数学计算、非单纯以数量优势为结果的事情（这里与事物区别开来，含迷茫不确定的情感、哲思、意境、向往等），AlphaGo就不能给出答案了。AI学习可以写出诗作，也是从大量的既有诗句中按设计者的理解选出字词进行组合，按某种规则得出的组合中，总有“看上去很美”的诗篇。只是这种诗篇与机器“此时此刻”对“它自己”心境的表达，依然不是一回事。现实中的人，有人要强也有人示弱（成人逗小孩时故意认输、觉察到冒犯他人时的道歉等），AlphaGo下棋程序则只会一根筋地争强好胜。

在这本书里，笔者将就未来人工智能和智能领域的一个重要发展方向——人机融合智能中涉及的主要问题展开探讨和思索，如东西方的思想差异、动态的表征、自主性、形式化与意向性、非存在的有、事实与价值、计算与算计、线性与非线性、态 / 势 / 感 / 知之间的关系、感性与理性、信息化 / 自动化 / 智能化等。

从人工智能到人机融合，从理性到感性，从西方到东方，从过去到未来。如果说上本书《从剑桥到北京》是笔者看得见的一段旅程，那么这本书则是一段看不见的心路，也许人生就是由许许多多这些“看得见”与“看不见”的事情构成的吧。曾几何时，笔者站在罗马人修建的兵营城堡（camp castle）遗址望着千年康河（Cam River）缓缓流过那几座著名的石桥、木桥、铁桥（bridge），了解了剑桥（cam+bridge，Cambridge）的由来。到如今，抚今追昔，蓦然回首，那山、那水、那桥依然魂牵梦绕，只不过透过那些过去了的剑光桥影，依稀看到东方冉冉升起的一轮红日，美丽的霞光给钟声里克莱尔学院后花园的孔子雕像与熙熙攘攘市中心古老集市旁的泰勒斯塑像披上了一层神奇和惊叹。

谨以此书献给我亲爱的母亲——朱民华，并献给我的家人们。

作　者

2020 年 12 月

目录

CONTENTS

第1章

智能的本质

2020 年注定是一个人类难忘的年份，这一年除了席卷全球的新冠疫情外，还出现了一个奇特的现象，即人件、软件、硬件、环件等智能化条件均属世界第一的美国新冠感染者世界排名第一，并且死亡人数也是世界排名第一的现象。不难看出，人 + 机 + 环境系统，美国不但不是第一，而且是规模性失调，所以，中美角力的焦点不仅仅是人、机、环境每一或所有单项人工智能的领先优势，而是人、机、环境系统融合智能的整合。下面针对这些智能问题展开分析和探讨。

一、智能的东西方之源

为什么现在有好多人提出未来人工智能的问题？这是因为现在的人工智能还远远未达到大家的期望，现在大家看到的 AI 某种意义上都是自动化或者是高级自动化，那智能化和自动化有什么区别呢？自动化是固定的输入及可期望的输出，如很多生产线都是自动化生产线，而智能化不是，输入可以固定也可以不固定，但是输出一定是非预期性的，绝大部分是非预期性、出乎意料的东西，这才是智能。什么叫作智能？有两个说法：第一个说法，孟子写过“智者是非之心也”，是非之心就是“智”，你可以有意识，但不一定有智慧，意识是无关乎是非的，而智慧是要知道是非、明白伦理的。根据我们的研究，伦理和人类智能应该是很接近的事。什么是伦理？从古希腊角度来看，伦是分类，分类的道理就是伦理。大家注意智能的本质也是分类——是非之心，今天这个话题很有意思，大家可以去查一下有关文献，尤其是古希腊的文献，它们就把伦理当作分类的道理，人和人是不是有道德和伦理。按照正确的道路走，得到你想要的东西就叫作道德，如果不按照正确的路走就没有道德。什么叫仁？孔子的仁就是一撇一捺——人，通假字通到“人”上。什么叫义？**义就是应该**，孟子特别讲义和仗义。东方和西方智能的共同交界处可能就是这个义——**should**。东西方的“智能”区别：一个类比 / 隐喻多，一个归纳 / 演绎多。

图 1-1 中列出了一些与智能有关的名人，下面是东方人，上面是西方人，在这些人里面：第一个是西方科学与哲学鼻祖泰勒斯，最早用理性眼光看世界和日全食的人；第三个是很多 AI 人不认识的休谟，是智能哲学起源的根，休谟之问，**即从事实里面能不能推出价值来？**这是休谟很重要的观点，可能是未来强人工智能的突破点，也是人机融合智能的关键之处。第六个是莱布尼茨，他第一次提出“普遍文字”和“理性演算”，在这两个词的基础上弗雷格提出了分析哲学里面的涵项一词。后来出现了布尔，也是

从莱布尼茨的思想里面演化出布尔代数的，再后来的图灵、冯·诺依曼都是从这延伸出来的……真正技术起源是莱布尼茨，若还有点牵强的话，那么大家都知道图灵，实际上图灵的老师和朋友是维特根斯坦（第七位，也是被 AI 圈很少提及的一位），他是一个很厉害的人。他有几个特别之处：第一个特别，他们家是欧洲的钢铁大王，但他酷爱分析哲学；第二个特别，他的学生和朋友就是图灵，他与图灵的研讨和争论给了图灵很多好的智能和哲学思想，但是很多人不知道他，这是非常遗憾的，也是人工智能界的遗憾，不提他是不行的。他的人生里面有两本书：第一本书是翻译成中文只有一百多页的《逻辑哲学论》，这本书里面讲人的语言是撬开人和人、人和世界关系的切入点，规范化的社会语言是非常重要的，即按照规则语法一句话一句话地说可以理解世界。当他 40 多岁之后，他又回到剑桥大学，他写了一些手稿，后来他的一个女学生安斯康姆给他整理了第二本书叫作《哲学研究》，这本书也不厚，翻译成汉语一两百页，他否定性地继承了第一本书的思想，认为真正了解人类智能最重要的切入点是自然化和生活化的语言，如集贸市场人与人之间无语法的对话等。这两本书就是弱人工智能和强人工智能的哲学基础，第一本书与逻辑哲学论有关，第二本书则涉及哲学研究，没有逻辑。真正的强人工智能里面肯定不全是逻辑，仅有逻辑，那是自动化，那都是规则化（或者加点调味品——统计概率）的东西，而一些非理性的东西，才是揪人心的东西，才是人类智慧的东西。休谟、莱布尼茨、维特根斯坦这些人才是智能的真正源头。

图 1-1　与智能有关的东西方名人

东方思想从《易经》开始。中国只有东方思想，西方是不承认东方有哲学的，东方思想里面少逻辑性的内容，只有结果性的内容。最早是伏羲氏，他看到四季变化就开始写了《易经》。《易经》的第二个作者是周文王——文王拘而演周易，周文王把社会管理放在《易经》里面，除了自然以外放入了社会化管理。《易经》的第三个作者是孔子，他把人与人之间的伦理放入了《易经》里面，《易经》就是这三个人接力综合集成所著。《易经》里面有三个词（六个字）是人类智慧的核心：第一个词叫“知几”，就是要看到事物发展的苗头、兆头；第二个词是“趣时”，即要及时抓住时机；第三个词是“变通”，即随机应变、因时而变。现在智能产品里面有这些东西吗？什么苗头，什么抓住时机，什么变通，你看看大部分都是自动化。第二本书是老子写的《道德经》，第一句话可能是智能里面最重要的一句话:“道可道，非常道；名可名，非常名”，老子的“名”里面涉及智能的第一阶段——输入表征阶段，在西方叫representation，就是表达、表示、表征，一个事物有万种表征，一花一世界，一树一菩提，人能把一个事物表征为很多方面，但在知识图谱里面就非常糟糕，知识图谱的对象、属性、关系都是死的，那是一个标签的世界，什么时候出现活的知识图谱现在还看不到边界，因为现有的表征手段解决不了这个问题。老子的《道德经》里面的“道”，包含了算法，算法不是单纯的数学计算方法，包含了人非逻辑性的算计之法在里面，这是人特有的直觉性的东西，算计里有算有计，可以穿越非家族相似性，计算里有规有矩，很难整合非结构化数据、非线性的算法、非面性的推理、非体性的判断、非系统的决策……

东方最后这两位先生简单介绍一下，金岳霖先生学西方哲学，做数理逻辑做得很好，是最早把西方逻辑介绍到我国的先驱之一。金岳霖先生后面是华罗庚先生，没有华罗庚就没有中国的计算机和中国的人工智能，他最早提出跟踪世界新技术做计算机。华罗庚去美国学习先进技术，华罗庚看到计算机的计算能力后就力主中国也要发展计算机。华罗庚回国后在清华大学找了几个人，把中国科学院计算技术研究所建立起来了，中国最早的计算机现仍在曲阜师范大学，大家去孔府、孔庙时可以顺便去看一看，机器还存在。大家要追中国计算机和人工智能的根，可以追到华罗庚身上。后来中国社会科学院有一些老先生一直在追踪苏联和欧美维纳控制论思想，点燃了中国的人工智能之星星之火，后来一些做计算机和自动化的老师们才逐渐开各种会议、成立人工智能方面的团体等，做学问一定要挖根，找到真正根源才能长大，不然人云亦云，智能的科学起源是什么？智能的哲学起源是什么？技术起源又是什么？不是1956年，1956年是一个表象，AI这个概念据一个朋友考证，不是达特茅斯学院那几个人提出来的，而是英国的一位数学家写信告诉了那几个人，那几个人才用了AI，国内现在对此有点乱，还没有学会溯源，只有追到最根本的地方才能产生出中国真正的智能，尤其对中国古代非常好的东方思想、大量智慧性的内容，挖掘得远远不够，只看到一些做商品、做系统的，那不是这样的，那是应付性的，那是挣钱的，真正不为了单纯挣钱时，中国的人工智能才能够茁壮成长，否则，你会很难做出事来。

人工智能源自形式逻辑框架，人类智能脉于辩证思维体系，人机融合智能根本在逻辑与非逻辑的思想结合：无论是非，只管正反；不止叠加，还有纠缠。

二、智能的产生

有关智能生成的机理，一直是许多领域关注的焦点问题，涉及面之广、深很少见，初步梳理可能会与这样几个最基本的问题有关：认知生成的机理、知识生成的机理、意义生成的机理、情感生成的机理、情境生成的机理，甚至还避不开哲学的基本问题，即世界的本源是物质的还是意识的？我是谁？从哪里来？到哪里去？认识世界的手段如何？语言是破解人类智能的钥匙吗？心灵与现象的关系如何？

这几个问题远不是几位数学家、哲学家、物理学家、计算机专家、自动化专家、社会学学者、心理学学者、语言学工作者开几次研讨会就能解决的，历史已经证明，莱布尼茨、维特根斯坦、爱因斯坦、薛定谔、图灵、维纳、香农、贝塔朗菲、冯·诺依曼、西蒙、明斯基、辛顿等先驱大师的智能思想混合在一起并没有发生期待中的化学变化。这个问题有点像爱情生成的机理一样，有一千对罗密欧与朱丽叶、一万双许仙与白娘子的故事就有成千上万的解释和理解。对人类而言，这是一个永恒的话题，是世世代代追求的梦中情人和理想家园。无论如何，“没有人，就没有智能，也就没有人工智能”这个道理依然存在实用价值。

由于多种原因，人们常常把智能与科学技术联系在一起，简称为智能科技，这是错误的。智能早于科技出现，当人们为了生存使用石块、木棒和火时，就出现了智能，那时还没有科技。

毋庸置疑，智能创造了科技以后，对智能本身的发展和演化起到了非常重要的作用，尤其是极大地改变了人们的衣食住行和精神世界。科学研究采用可观测、可测量、可证明的方法。这意味着，人类可以观察、测量某种现象或问题，然后用数学工具形式化描述为严格准确的知识，进而找到对具体自然、社会现象或问题的规律性解释或结论，做出实证或证伪。可是，再后来出现了物理的不可测、经济的不可能、数学的不完备……慢慢地，终于，人们像当年怀疑千年神学一样开始怀疑现代的科学了……

智能的生成机理，也许就像哲学中“我”的三个问题（谁？哪里来？哪里去？），本质是文化问题，智能也是多种文化交互作用的结果。其中休谟之问（能否从客观事实中推出主观价值来？即如何从“是”/being 推出“应该”/should 问题）可能是一个切入点，几乎所有的智能生成都将涉及主观目的和动机（无论有意或无意），都会与情境中的客观事实变化相关。而解答休谟之问的关键则是各种显隐类比机制的破解（如潜意识就是隐类比），对此，侯世达在《表象与本质》一书中进行了很好的思考，但仍有一些问题值得商榷，譬如事物的表象与本质常常互为嵌套，表里不一，似是而非等。实质上，人类的理解过程就是在事实 being 中寻找到价值 should 的过程。有词典解释为 to know the meaning of……这个 know 是主体的，meaning 是个性化的。所以，严格意义上讲，理解就是自以为是；而智能则是实事求是。智能不分领域，但是可以跨域迁移，所以军事智能准确地讲应是智能军事，如智能农业、智能交通、智能医疗等，这些都是智能在不同领域方向的应用，但在许多基本机理方面是相通的，如在输入端的表征方式、在理解融合过程中的推理机制、在输出端的决策辅助手段等。

真实的智能研究既包括非完全信息下的博弈决策，也包括完全信息下的直觉洞察（如把所有真实的材料都给你，你能装配好鲁班锁和魔方吗），智能最重要的表征是决策的关键点在哪里？重点关注的是什么？如何恰当地使用数据、信息和经验。而不是那一堆CNN、RNN、ANN、DL、RL、Bayes、Markov……若达到此目的，就需要静下来扪心自问：现有的这些常规方法 / 参数到底有什么问题？哪些东西可以形式化？哪些东西不可以形式化？如何抓住这些“牛鼻子”，找到并解决这些关键问题？

休谟之问表面上是主客观关联问题，即天行健（客观规律——相对论）与君子必自强不息（主观意愿——世界观）能否相互转化的问题。实际上，休谟之问还有一个关键之处——推，这将涉及归纳、演绎等方面的不完备性问题，更重要的是这个“推”还将与类比论证有关，尤其是源自心理和物理现象的差异。

“人们在人们自身中发现了记忆、推理、感到愉快和感到痛苦这样的事情。人们认为棍子和石头不会有这些经验，但其他人却有。”对他人意图的类比猜测显然不同于对物理事实的类比，这要求一种有别于物理学解释的假定。于是人们诉诸主客观跨界类比，“其他人的行为在许多方式上类似于我们自己的，于是我们假定一定有类似的原因”（《心之性质》，Rosenthal 编：牛津大学出版社1991 年版，第 89 页）。他人按我们同样的方式行为，因此当我们感到郁闷（或愉快）时,他人会同样感到郁闷（或愉快）。也就是说，身体行为上的相似不应该仅仅由物理、生理上的因果关系进行解释，也应该可以推出知识、意识和感情上的相似。这种同情共感作用的机制实际上是实现人与机器之间产生有效对话、协同的前提和基础。

天行健，君子必自强不息吗？这个问题在西方的休谟之问看来很难成立，在《易经》中却不尽然，变通（change）不但涉及自然秩序、人类社会，还会与人自身有关，这也是东方的态、势、感、知与西方的 Situation Awareness（态势感知）的不同之处。

对事物的清晰认识应该不是就事论事、就物论物，而是通过与其他事物所构建起的参照系所对照出来的。人对事物的认知一般是多参照系触动的，其中包括显、隐坐标系有机的融合作用（图灵测试等游戏里面包含了这些成分）。

智能具有时代性，每一代人的智能都不同，从某种角度来看，牛顿的智能还不如一个现在物理系大学生的智能，至少牛顿还不知道相对论的存在。但是，牛顿超越了他那个时代，照亮了他同代及以前诸代的蒙昧与黑暗。从知几、趣时、变通的角度来看，智能也是一种艺术形式，艺术的基础是情感，艺术的哲理是美学。类比、比较、比喻、比方、相似都是实现智能艺术的重要途径，在很多情境下，类比机制的增强与衰减常常意味着智能力的强弱。

近来，Bengio 说深度学习需要被修正。他认为，只有超越模式识别的范围，更多地了解因果关系，它才能实现真正的人工智能革命。换句话说，他说，深度学习需要开始问为什么事情会发生。认知科学实验也表明，认识因果关系是人类发展和智力的基础，尽管目前还不清楚人类是如何形成这种知识的。

这些观点也对也不对，对是因为它比机器学习前进了半步——不再仅仅依靠统计的相关性分析机械前行，不对是因为它还没有走出西方科技工作者优良的传统思路：仍把因果关系看成是求科学根问技术底的一副万能良药。实际上，类比、比较、比喻、比方、相似才可能是实现创造性智能的最重要途径（包括拟合生成各种各样的新概念）。留心一下，你就会发现：小孩子平时很喜欢说某某像某某，总爱拿已知的事物类比未知的事物，从形状、颜色、大小等外部状态表象属性开始，再到时间、空间、变化等内部趋势本质关系，也许这就是人类认知的秘密。“因果”更可能只是“果因”的另一种称谓而已，无论苹果落地还是水星光偏，莫不如此，牛顿和爱因斯坦大概都是主观唯心主义者。无独有偶，有人就一语中的地说过：“本质上，数学就是有关概念的学问”，当然所有的概念都与主观有关。

智能，包括人工智能，都是复杂系统，其中的许多事情不是都能用逻辑思维解释清楚的，里面还有大量的非线性、非逻辑成分，可解释性、终身学习、动态表征、强弱推理都需要类比，但类比的机制机理远远不是单纯用科学技术所能解决的，尤其涉及情感、情境、虚体等，更是如此。试图单纯用数学，尤其是用现代不完备的数学解决智能或人工智能的主要核心问题，无异于缘木求鱼、画饼充饥、水中捞月，如同拿着木棒、石头造飞机和火箭一般，原因很简单：定性的真东西尚都在遥遥无期中探索，定量的只能是自动化。

毫无疑问，人工智能是建立在数学基础之上的，然而，人工智能的应用同时又离不开设计、制造、使用、管理、维护它的人和环境，这种人、机、环境共在的系统常常超越着数学的束缚和约束，形成了数学与非数学领域交融混杂的态势，如何及时而又有效地处理这种复杂局面，就给人们提出了一个非常困难而又迫切需要解决的问题。数学是处理事实问题，人可以处理价值问题，尤其是使用数学方法，可以更好地处理事实与价值的混合问题。

智能是什么？人具有智能的一部分，而不是全部。

智能是东西方文明一直共同关注的对象，孟子说："是非之心，智也"(《告子上》)。米塞斯说：区别 A 与非 A 即是知识，是非在西方可以用"to be or not to be"来替代，两者之间的活动——应该（should）即是智能。西方人偏哲学科学是为了反对迷信（神太多），中国人好历史伦理是以人为本（人不少），其实智能里这些成分都有。智能里包含了逻辑，同时也存在着大量的非逻辑成分，如直觉、非公理、模糊等因素。智能里不仅存在着逻辑 / 伦理悖论的对抗，而且还隐藏着逻辑 / 伦理悖论的妥协，本质上是用多元（一切）的可能性通过一元的现实性不失其意的表征，简言之，就是把万千的可能性用唯一的现实性表达出来，以简示繁，弥聚有度。

智能是相关无关化的能力，即把表面上无关（本质上存在着千丝万缕关系）的事物应该相关在一起去发现、分析、解决问题的能力。评价智能好坏的指标是处理问题的复杂程度。首要的关系不是智能和事物的关系，而是智能就是事物的关系，智能把每一物拥入存在并保持在存在里，就此而言，智能本身即是关联，不考虑因果的关联。狭义的智能有时空性（如人工智能），要求在资源有限的情况下适应性地处理信息；广义的智能则没有时空性（如智慧），用无限的材质方法去达到目的——这种有无时空的跨界也是智能很难被定义的原因之一。

智能是关系主观的建构，智能同时也是对客观存在的反映，是一种主客观融合的产物。所谓对客观存在的描述，实际上就是把人物（机）环境系统之间的交互关系梳理清楚、分析干净。仅以当前的数学为模型确实很难，有不完备的成分在。从这个意义上说，大家对智能的突破期待，实际上是对崭新描述方法和手段的渴望。尽管主客观二元划分的方法虽然为人类提供了不少解释世界的便利，但同时也为改造世界设置了一定的障碍，如何打破之（例如除了主客体之外设立第三体角度），可能是未来的一个突破方向。

当前的智能本身就不是单独的科学、数学、哲学或人文能解决的学问。例如数学，现在的数学可以比较好、比较精确地描述物理对象，但是比较难描述复杂过程，尤其是心理、社会、认知方面的过程，所以有人用这样一句话来形容数学的局限:“数学可以很好地解决问题的精确性，但不容易解决问题的方向性”。未来的智能本身也不是以后的某个学科单独能解决的学问。它本质是复杂性问题，需要多领域不断地交叉融合。当然，通过一些学科的努力会取得一些进步，但这些进步也许会造成一些隐形的退步或阻碍，简而言之——进步的退步。

三、人工智能的前世今生

人工智能的理念源于 20 世纪 40 年代。1948 年，图灵在其论文《计算机器与智能》中描述了可以思考的机器，被视为人工智能的雏形，并提出“图灵测试”。在之后的 1956 年，马文 · 明斯基、约翰 · 麦卡锡、香农等学者在美国达特茅斯学院召开了一次关于人工智能的研讨会，史称“达特茅斯会议”，正式确立了人工智能的概念与发展目标。研究领域包括命题推理、知识表达、自然语言处理、机器感知和机器学习等。人工智能 60 多年的发展历程，可以总结为以下几个主要发展阶段。第一次高潮期（1956—1974）：达特茅斯会议之后，研究者们在搜索式推理、自然语言、机器翻译等领域取得了一定的成果。第一次低谷期（1975—1980）：随着计算机运算能力的不足、计算复杂性较高、常识与推理实现难度较大等原因造成机器翻译项目失败，人工智能开始受到广泛质疑和批评。第二次高潮期（1981—1987）：具备逻辑规则推演和在特定领域解决问题的专家系统开始盛行，日本“第五代计算机计划”为其典型代表。第二次低谷期（1988—1993）：抽象推理不再被继续关注，基于符号处理的智能模型遭到反对。发展期（1994—2012）：“深蓝”等人工智能系统的出现让人们再次感受到人工智能的无限可能。爆发期（2013—今）：机器学习、移动网络、云计算、大数据等新一代信息技术引发信息环境和数据基础变革，运算速度进一步加快且成本大幅降低，推动人工智能向新一代阶段爆发式增长。

现代的人工智能有点像小学生做作业，布置什么就是什么，缺乏需求任务的自主/自动生成、动态任务规划、需求矛盾协调。很难处理快态势感知和慢态势感知之间的矛盾，更不容易实现整个人机环境系统的有机相互联动和事实与价值元素的混编嵌入。

追溯现代计算机科学的起源，应该说，它与逻辑有着密不可分的关系。众所周知，自从罗素与怀特海共同撰写《数学原理》之后，兴起了对数理逻辑的研究，人们甚至期望以逻辑为基础，构建整个数学，乃至科学大厦。在这种逻辑主义的驱使下，不可避免地需要对“能行可计算”概念进行形式化。在“能行可计算”概念的探索中，丘奇、哥德尔和图灵几乎在同一时间给出完全不同且又相互等价的定义。丘奇发明了 Lambda 演算，用来刻画“能行可计算”。哥德尔提出“一般递归函数”作为对“能行可计算”的定义。图灵则通过对一种装置的描述，定义“能行可计算”的概念，这种装置被后人称作“图灵机”，这正是现代计算机的理论模型，标志现代计算机科学的诞生。

到了 17 世纪，逻辑学发生了变化，莱布尼茨提出了逻辑学应该做些什么。莱布尼茨旨在为科学建立一种普遍语言，这种语言对科学是理想的、合适的，以便用语句形式反映实体的性质。莱布尼茨认为，所有科学的思想，能划归为较少的、简单的、不可分解的思想，利用它们能定义所有其他思想，通过分解和组合思想，新的发现将成为可能，如同数学中的演算过程。

莱布尼茨首先发现符号的普遍意义：人类的推理总是通过符号

或者文字的方式来进行的。实际上，事物自身，或者事物的想法总是由思想清晰地辨识是不可能的，也是不合理的。因此，出于经济性考虑，需要使用符号。因为每次展示时，一个几何学家在提及一个二次曲线时，他将被迫回忆它们的定义以及构成这些定义的项的定义，这并不利于新的发现。如果一个算术家在计算过程中，不断地需要思考他所写的所有的记号和密码的值，他将难以完成大型计算，同样地，一个法官，在回顾法律的行为、异常和利益时，不能够总是彻底地对所有这些事情都做一个完全的回顾，这将是巨大的，也并不是必要的。 因此，我们给几何形状赋予了名字，在算术中给对数字赋予了符号，在代数中使得所有的符号都被发现为事物，或者通过经验，或者通过推理，最终能够与这些事物的符号完全融合在一起，在这里提及的符号，包括单词、字母、化学符号、天文学符号、汉字和象形文字，也包括乐符、速记符、算术和代数符号以及所有人们在思考过程中会用到的其他符号。这里，“文字”即是书写的，可追踪的或者雕刻的文字。此外，一个符号越能表达它所指称的概念，就越有用，不但能够用于表征，也可用于推理。

基于此，莱布尼茨洞察到：可以为一切对象指派其文字数字，这样便能够构造一种语言或者文字，它能够服务于发现和判定的艺术，犹如算术之于数，代数之于量的作用。人们必然会创造出一种人类思想的字母，通过对字母表中的字母的对比和由字母组成的词的分析，可以发现和判定万物。

在莱布尼茨的洞察中，蕴涵着两个非常重要的概念，即“普遍文字”和“理性演算”。所谓的“普遍文字”，不是化学或者天文学的符号，也不是汉字或者古埃及的象形文字，更不是人们的日常语言。人们的日常语言虽然能够用于推理，然而它过于模棱两可，不能用于演算，也就是说，日常语言不能通过语言中的词的形成和构造来探测推理中的错误。相比较而言，与“普遍文字”最为类似的是算术和代数符号，在算术和代数符号中，推理都存在于文字的应用中，思想的谬误等同于计算的错误。普遍文字是一种人类思想的字母，通过由它组成的联系和词的分析，可以发现和判断一切。

另一个关键概念是“理性演算”，其中演算不同于推理，它是一个计算或者操作，即根据某种预先设定规则，通过公式变换产生的关系，而公式是由一个或者多个文字组成的。与演算概念密切相关的是文字艺术：构成与排列文字的艺术，通过这样一种方式，它们表征思想，也就是说，使得文字之间具有了思维之间才具有的关系。

应该说，莱布尼茨关于普遍文字和理性演算的想法是非常“理想化的、乌托邦式的”，莱布尼茨自己仅仅只是提出这么个设想，虽然他有过一些尝试，然而并没有完全实现，因此，不少的逻辑学家、哲学家将莱布尼茨的这种设想称为“莱布尼茨之梦”。在此之后，希尔伯特、哥德尔的工作表明，不存在如此完美的语言与演算，基于此，不少学者断言莱布尼茨之梦已经破碎。

图灵在 1947 年举办的伦敦数学学会的一次演讲中，阐述了他对符号逻辑和数学哲学一些观点：“我期望数字计算机将最终能够激发起我们对符号逻辑和数学哲学的相当大的兴趣。人类与这些机器之间的交流语言，即指令表语言，形成了一种符号逻辑。机器以相当精确的方式来解释我们所告诉它们的一切，毫无保留，也毫无幽默感可言。人类必须准确无误地向这些机器传达他们的意思，否则就会出现麻烦。事实上，人类可以与这些机器以任何精确的语言进行交流，即本质上，我们能够以任何符号逻辑与机器进行交流，只要机器装配上能够解释这种符号逻辑的指令表。这也就意味着逻辑系统比以往具有更广阔的使用范围。至于数学哲学，由于机器自身将做越来越多的数学，人类的兴趣重心将不断地向哲学问题转移。”

图灵机有两个主要的组成:“自动机”和“指令表语言”。其中指令表语言是指描述状态转换表的语言，即描述自动机状态转换、读写以及移动的语言。图灵认为指令表语言是人类与机器之间的交流语言，形成了一种符号逻辑。这里的指令表语言，就是人们后来所发展的各种类型的编程语言。

应该说,图灵机的“自动机”和“指令表语言”是对莱布尼茨的“普遍文字”和“理性演算”的诠释。图灵是比弗雷格、布尔和罗素更为成功地实践了莱布尼茨梦想。在图灵的方案中:“编程语言”是“普遍文字”的一种实现（编程语言≈普遍文字）;“自动机”是“理性演算”的一种实现（自动机≈理性演算）。

图灵将莱布尼茨的“普遍文字”与“理性演算”有效地融合，为逻辑带来一种“计算转向”，可以说，在作为代数的逻辑和作为语言的逻辑之外，图灵为逻辑开辟了“作为计算的逻辑”的新路径。这种对逻辑的审视，实质上是一种“主体转向”，“以往的逻辑”是当仁不让地以人类为主体，研究的对象是人的思维以及表征人类思维的各种自然语言，“作为计算的逻辑”则是将计算机作为信息处理的主体，研究的是计算机的处理方式以及人与计算机的互动关系。

人工智能诞生后的 20 年间是逻辑推理占统治地位的时期。1963 年，纽厄尔、西蒙等人编制了“逻辑理论机”数学定理证明程序（LT）。在此基础之上，纽厄尔和西蒙编制了通用问题求解程序（GPS），开拓了人工智能“问题求解”的一大领域。经典数理逻辑只是数学化的形式逻辑，只能满足人工智能的部分需要。

人工智能之后发展了用数值的方法表示和处理不确定的信息，即给系统中每个语句或公式赋一个数值，用来表示语句的不确定性或确定性。比较具有代表性的有：1976 年杜达提出的主观贝叶斯模型，1978 年查德提出的可能性模型，1984 年邦迪提出的发生率计算模型，以及假设推理、定性推理和证据空间理论等经验性模型。

归纳逻辑是关于或然性推理的逻辑。在人工智能中，可把归纳看成是从个别到一般的推理。借助这种归纳方法和运用类比的方法，计算机就可以通过新、老问题的相似性，从相应的知识库中调用有关知识来处理新问题。

常识推理是一种非单调逻辑，即人们基于不完全的信息推出某些结论，当人们得到更完全的信息后，可以改变甚至收回原来的结论。非单调逻辑可处理信息不充分情况下的推理。20 世纪 80 年代，赖特的缺省逻辑、麦卡锡的限定逻辑、麦克德莫特和多伊尔建立的 NML 非单调逻辑推理系统、摩尔的自认知逻辑都是具有开创性的非单调逻辑系统。常识推理也是一种可能出错的不精确的推理，即容错推理。

此外，多值逻辑和模糊逻辑也已经被引入到人工智能中来处理模糊性和不完全性信息的推理。多值逻辑的三个典型系统是克林、卢卡西维兹和波克万的三值逻辑系统。模糊逻辑的研究始于 20 世纪 20 年代卢卡西维兹的研究。1972 年，扎德提出了模糊推理的关系合成原则，现有的绝大多数模糊推理方法都是关系合成规则的变形或扩充。

从莱布尼茨的“普遍文字”与“理性演算”到图灵的“指令化语言”与“自动机”，从归纳逻辑到常识推理、多值逻辑、模糊逻辑等，现代人工智能可以说就是“普遍文字”与“理性演算”的延续与发展。

四、人工智能技术经历的三个发展阶段

1956 年，在美国举办的达特茅斯会议上，数十位专家花费两个月，共同深入讨论研究了与人工智能相关的问题，人工智能的概

念也正是起源于这次会议。在随后 60 多年的时间里，人工智能技术发展呈现出螺旋式上升的状态，并且经历了三个较为明显的发展阶段。

（一）以推理系统为代表的第一发展阶段

第一发展阶段是 1956 年至 1976 年。在这一阶段，人们认为如果机器能像人类一样推理，那就是有智能的。这一阶段的标志性事件是出现了能够自动证明数学定理的推理系统，如果给这个推理系统输入知识（一些数学公理），就可以自动输出结果（推导出的数学定理）。这种推理系统的知识非常有限，能解决的问题也非常有限，在面对更加复杂的实际问题时，局限性暴露无遗。

（二）以专家系统为代表的第二发展阶段

第二发展阶段是 1977 年至 2006 年。在这一阶段，人们致力于向计算机中输入更多知识，使其能够解决更加复杂的实际问题。人工智能系统开始走向专业化。这一阶段的标志性事件是出现了不同领域的专家系统。专家系统被输入了某个领域的大量专业知识，能够真正解决一些实际问题，因此在这一阶段人工智能发展迎来了一次新的高潮，各行业的专家系统不断出现。但是，随着知识量的飞速增加，将海量知识总结出来并输入专家系统的难度越来越大。同时，专家系统中的知识库出现冲突和矛盾的概率也大幅提升，可用性下降。总体来看，海量知识的获取是第二发展阶段后期人工智能技术的最大发展瓶颈。

（三）以深度学习为代表的第三发展阶段

第三发展阶段是 2007 年至今。在这一阶段，得益于硬件和算法的进步，人工智能系统自己获取和学习知识的能力大幅提升。这一阶段的标志性事件是出现了基于互联网大数据的深度学习算法。利用深度学习算法，计算机视觉、语音识别、自然语言处理等技术取得了突破性进展。进而出现了能够自动发现知识、利用知识进行自我训练学习并建立自身决策流程的人工智能系统，并且在很多领域已经有了典型应用，推动人工智能发展迎来新浪潮。目前，我们仍处于这次发展浪潮的早期，未来 10 年，人工智能技术将实现更大范围的应用。但是，需要看到的是，虽然人工智能技术发展与应用在第三发展阶段中已经有了一定突破，但是总体仍处于“弱人工智能”阶段，即并不具备真正意义上的“智能”，也不存在“自主意识”。只是能够在确定性规则下解决特定的问题，离“强人工智能”还差很远。

五、人工智能的三大流派

人工智能的概念在 1956 年的达特茅斯会议上首次被提出，其理论思想逐渐演变为三大流派，分别是联结主义、行为主义和符号主义。三种理论都已经有了深入的研究，并在图像识别、自然语言处理、语音识别等领域有了实际应用，但是每种理论在取得了卓越的成就的同时也均存在不足之处。

自古希腊人将欧几里得几何归纳整理成欧几里得公理体系，到牛顿编撰的鸿篇巨制《自然哲学的数学原理》，人类的现代数学和物理知识被系统化整理成公理体系。符号主义的主要思想便是应用逻辑推理法则，从公理出发推演整个理论体系。2011 年，基于符号主义的人工智能专家系统 IBM 的沃森，在电视知识竞赛《危险边缘》(*Jeopardy*) 中击败人类赢得冠军。但是符号主义思想面临四个主要挑战：知识的自动获取；多元知识的自动融合；面向知识的表示学习；知识推理与运用。符号主义虽通过模拟人的思维过程实现人工智能，但对以上四个问题却难以有突破性的结果。1959 年，Hubel 和 Wiesel 通过观察猫的视觉神经元的反应，证明了视觉中枢系统具有由简单模式构成复杂模式的功能。后来人们逐步发现视觉中枢是阶梯级联，具有层次结构，低级区域识别图像中像素级别的局部的特征，高级区域将低级特征组合成全局特征，形成复杂的模式，模式的抽象程度逐渐提高，直至语义级别。联结主义的基本思想是模拟人类大脑的神经元网络，将人工神经网络设计成多级结构，低级的输出作为高级的输入。但该方法限制于在具有可微分、强监督学习、封闭静态系统任务下才会得到良好的结果，并且训练得到的结果也限制于给定条件的问题上。行为主义思想通过不断模仿人或生物个体的行为超越原有的表现来推进机器的进化，主要依赖具有奖惩控制机制的强化学习方法。然而该方法的缺点在于过于简化人类的行为过程，忽略人类心理的内部活动过程，忽略意识的重要性。

六、人工智能的缺陷

人工智能的优势在于庞大的信息存储量和高速的处理速度，但是无法处理如休谟之问，即从“是”（being）能否推出“应该”（should），或“事实”命题能否推出“价值”命题；也无法处理情感的表征问题。人工智能尝试通过大数据与逐步升级的算法实现人的情感与意指，但依旧没有办法实现跨越。

人工智能是一种返回修改模式。也就是说，一组代码解决一个问题，以前是代码执行，问题没处理好，程序就结束。人工智能是代码执行，问题没处理好，代码自动返回修改数据代码再执行。反复修改，也就是反复学习，这就是人工智能。当然，好的人工智能技术，在一定范围内可以自己修改不足的模型，进而可以在一定程度上模拟人的具体功能，例如人类的部分计算、逻辑推理能力，但它对人类“非家族相似性”的类比、决策能力还无能为力。所以人工智能中的“人”并不是真的“人”。

人工智能有限的理性逻辑和困难的跨域能力是其致命的缺陷。人工智能无法理解相等关系，尤其是不同事实中的价值相等关系；人工智能也无法理解包含关系，尤其是不同事实中的价值包含关系（小可以大于大，有可以生出无）。人可以用不正规、不正确的方法和手段实现正规、正确的目的，还可以用正规、正确的方法和手段实现不正规但正确的意图。人可以用普通的方法处理复杂的问题，还可以（故意）用复杂的方法解答简单的问题。

从历史上看，人工智能大概分三大门派：一是以模仿大脑皮层神经网络及神经网络间的连接机制与学习算法的联结主义（connectionism），主要表现为深度学习方法，即用多隐层的处理结构处理各种大数据；二是以模仿人或生物个体、群体控制行为功能及感知－动作型控制系统的行为主义（actionism），主要表现为具有奖惩控制机制的强化学习方法，即通过行为增强或减弱的反馈来实现输出规划的表征；三是以物理符号系统（即符号操作系统）具有产生智能行为的充分必要条件假设和有限理性原理为代表的符号主义（symbolicism），主要表现为知识图谱应用体系，即用模拟大脑的逻辑结构来加工处理各种信息和知识。正是由于这三种人工智能派别的取长补短，再结合蒙特卡洛算法（两种随机算法中的一种，如果问题要求在有限采样内，必须给出一个解，但不要求是最优解，那就要用蒙特卡罗算法。反之，如果问题要求必须给出最优解，但对采样没有限制，那就要用拉斯维加斯算法）使得特定领域的人工智能系统超过人类的智能成为可能，如 IBM 的 Waston 问答系统和 Google Deepmind 的 AlphaGo 围棋系统等。尽管这些人工智能系统取得了骄人的绩效，但仍有不少缺陷和不足之处，而且还有可能产生很大的隐患和危险。

首先分析一下让人工智能在当下火热烫手的联结主义。当前的人工智能之所以经久不息，其主要的力量源泉是 2006 年 Hinton 提出的深度学习方法大大提高了图像识别、语音识别等方面的效率，并在无人驾驶、“智慧 +”某些产业中切实体现出助力作用。然而，任何一种算法都有其不完备性，深度学习算法也不例外。该方法最好是使用在具有可微分（函数连续）、强监督（样本数据标定很好、样本类别/属性/评价目标恒定）学习、封闭静态系统（干扰少、鲁棒性好、不复杂）任务下，而对于不可微分、弱监督学习（样本分布偏移大、新类别多、属性退化严重、目标多样）、开放动态环境下该方法效果较差，计算收敛性不好。另外，相对于其他机器学习方法，使用深度学习生成的模型非常难以解释。这些模型可能有许多层和上千个节点；单独解释每一个节点是不可能的。数据科学家通过度量它们的预测结果来评估深度学习模型，但模型架构本身是个“黑盒”。它有可能会让你在不知不觉间，失去“发现错误”的机会。再者，如今的深度学习技术还有另一个问题，它需要大量的数据作为训练基础，而训练所得的结果却难以应用到其他问题上。要在各种现实情境任务中恰如其分地解决这些问题，就需要结合其他的方法取长补短、协调配合。

其次，对于行为主义中的增强学习，它的优点是能够根据交互作用中的得失进行学习绩效的累积，与人类真实的学习机制相似。该方法最主要的缺点是把人的行为过程看得太过简单，实验中往往只是测量简单的奖惩反馈过程，有些结论不能迁移到现实生活中，所以往往外部效度不高。还有，行为主义锐意研究可以观察的行为，但是由于它的主张过于极端，不研究心理的内部结构和过程，否定意识的重要性，进而将意识与行为对立起来，从而限制了人工智能的纵深发展。

最后是符号主义及其知识图谱，符号主义属于现代人工智能范畴，基于逻辑推理的智能模拟方法模拟人的智能行为。该方法的实质就是模拟人的大脑抽象逻辑思维，通过研究人类认知系统的功能机理，用某种符号来描述人类的认知过程，并把这种符号输入到能处理符号的计算机中，就可以模拟人类的认知过程，从而实现人工智能。可以把符号主义的思想简单地归结为“认知即计算”。从符号主义的观点来看，知识是信息的一种形式，是构成智能的基础。知识表示、知识推理、知识运用是人工智能的核心，知识可用符号表示，认知就是符号的处理过程，推理就是采用启发式知识及启发式搜索对问题求解的过程，而推理过程又可以用某种形式化的语言来描述，因而有可能建立起基于知识的人类智能和机器智能的同一理论体系。目前知识图谱领域面临的主要挑战问题包括：知识的自动获取；多源知识的自动融合；面向知识的表示学习；知识推理与应用。符号主义主张用逻辑方法来建立人工智能的统一理论体系，但却遇到了“常识”问题的障碍，以及不确知事物的知识表示和问题求解等难题，因此，受到其他学派的批评与否定。

从上述人工智能三大流派的特点及缺点分析不难看出：人的思维很难在人工智能现有的理论框架中得到解释。那该如何做才有可能寻找到一条通往智能科学研究光明前程之道呢？下面针对这个问题展开最底层的思考和讨论。

人工智能之父图灵的朋友和老师维特根斯坦在他著名的《逻辑哲学论》中第一句就写道：“世界是事实的总和而非事物的总和”，其中的事实指的是事物之间的关涉联系——关系，而事物是指包含的各种属性，从目前人工智能技术的发展态势而言，绝大多数都是在做识别事物属性方面的工作，如语音、图像、位置、速度等，而涉及事物之间的各种关系层面的工作还很少，但是已经开始做了，如大数据挖掘等。在这眼花缭乱的人工智能技术中，人们常常思考着这样一个问题：什么是智能？智能的定义究竟是什么呢？

关于智能的定义，有人说是非存在的有，有人说是得意忘形，有人说是随机应变，有人说是鲁棒适应，可能有一百个专家，就有一百种说法。实际上现在要形成一个大家都能接受的定义是不太可能的。但是这并不影响大家对智能研究中的一些难点、热点达成一致看法或共识。例如信息表征、逻辑推理和自主决策等方面。

有了数据和信息之后，智能的信息处理架构就格外的重要，到目前为止，有不少专家提出了一些经典的理论或模型，例如在视觉领域，David Marr 的三层结构至今仍为许多智能科技工作者所追捧。作为视觉计算理论的创始人，David Marr 认为：神经系统所做的信息处理与机器相似。视觉是一种复杂的信息处理任务，目的是要把握对人们有用的外部世界的各种情况，并把它们表达出来。这种任务必须在三个不同的水平上来理解，这就是计算理论、算法和机制，如表 1-1 所示。

表1-1　David Marr计算视觉的三层结构

计 算 理 论	算 法	机 制
信息处理问题的定义，它的解就是计算的目标。这种计算的抽象性质的特征。在可见世界内找出这些性质，构成这个问题的约束条件	为完成期望进行的计算所采用的算法的研究	完成算法的物理实体，它由给定的硬件系统构成机器硬件的构架

David Marr 早先提出的一些基本概念在计算理论这一级水平上已经成为一种几乎是尽善尽美的理论。这一理论的特征就是它力图使人的视觉信息处理研究变得越来越严密，从而使它成为一门真正的科学。

当前，在解释人类认知过程工作机理的理论中，由卡内基-梅隆大学教授 John Robert Anderson 提出的 ACT-R（Adaptive Control of Thought–Rational）模型被认为是一个非常具有前途的理论。该理论模型认为人类的认知过程需要四种不同的模块参与，即目标模块、视觉模块、动作模块和描述性知识模块。每一个模块各自独立工作，并且由一个中央产生系统协调。ACT-R 的核心是描述性知识模块和中央产生系统。描述性知识模块存储了个体所积累的长期不变的认识，包括基本的事实（例如“西雅图是美国的一座城市”）、专业知识（例如“高速铁路交通信号控制方案的设计方法”）等。中央产生系统存储了个体的程序性知识，这些知识以条件-动作（产生式）规则的形式呈现，当满足一定条件时，相应的动作将被对应的模块执行，产生式规则的不断触发能够保证各个模块相互配合，模拟个体做出的连续认知过程。ACT-R 是一种认知架构，用于仿真并理解人的认知的理论。ACT-R 试图理解人类如何组织知识和产生智能行为。ACT-R 的目标是使系统能够执行人类的各种认知任务，如捕获人的感知、思想和行为。

无论是 David Marr 的三层结构计算视觉理论，还是 John Robert Anderson 提出的 ACT-R 理论模型，以及许多解释和模拟人类认知过程的模型都存在一个共同的缺点和不足，即不能把人的主观参数和机器 / 环境中的客观参数有机地统一起来，模型的弹性不足，很难主动地产生鲁棒性的适应性，更不要说产生情感、意识等更高层次的表征和演化。当前的人工智能与人相比除了在输入表征和融合处理方面的局限外，在更基本的哲学层面就存在着先天不足，即回答不了休谟问题。

休谟问题是由英国哲学家大卫 · 休谟（David Hume）1711 年在《人性论》的第一卷和《人类理智研究》里面提出来的。首先提出的是个未能很好解决的哲学问题，主要是指因果问题和归纳问题，即所谓从“是”能否推出“应该”，即“事实”命题能否推导出“价值”命题。休谟指出，由因果推理获得的知识，构成了人类生活所依赖的绝大部分知识。这个由休谟对因果关系的普遍、必然性进行反思所提出的问题被康德称为“休谟问题”。休谟问题表面上是一个著名的哲学难题，实际上更是一个人工智能的瓶颈和难点，当把数据表征为信息时，能指就是相对客观表示 being，而所指就是主观表达 should。

从认识论角度，“应该”就是从描述事物状态与特征的参量（或变量）的众多数值中取其最大值或极大值，“是”就是从描述事物状态与特征的参量（或变量）的众多数值中取其任意值。从价值论角度，“应该”就是从描述事物的价值状态与价值特征的众多参量（或变量）中取其最大值或极大值，“是”就是从描述事物的价值状态与价值特征的参量（或变量）的众多数值中取其任意值。

由于受偏好习惯风俗等因素的影响，即使是人类的认识论和价值论也经常出现非因果归纳和演绎（例如严格意义上而言，从“天行健”这个事实（being）命题是不能推出“君子必自强不息”这个价值观（should）命题的），但是随着时间的延续，这个类比习惯渐渐变成了有些因果的意味。人工智能的优势不仅在于存储量大计算速度快，更重要的是它从源头没有偏见的头脑和认知封闭，但是要处理类似由人类提出的但仍远远不能完美回答的休谟问题时恐怕还是强机所难。人工智能如果有一定的智能，更多的应是数字逻辑语言智能，在特定场景既定规则和统计又既定输出的任务下可以极大提升工作效率，但在有情感、有意向性的复杂情境下仍难以无中生有、随机应变。未来，智能科学的发展趋势必将会是人机智能的不断融合促进。

第2章

人机融合智能
——站在智能的肩膀上

02

一、人机融合智能的概念

人机融合智能理论着重描述一种由人、机、环境系统相互作用而产生的新型智能形式，它既不同于人的智能也不同于人工智能，它是一种物理性与生物性相结合的新一代智能科学体系。人机交互技术主要涉及人颈部以下的生理、心理工效学问题，而人机融合智能主要侧重人颈部以上的大脑与机器的“电脑”相结合的智能问题。人机融合智能在以下三个方面不同于人的智能与人工智能：首先在智能输入端，人机融合智能的思想不单单依赖硬件传感器采集的客观数据或是人五官感知到的主观信息，而是把两者有效地结合起来，并且联系人的先验知识，形成一种新的输入方式；其次是在信息的处理阶段，也是智能产生的重要阶段，将人的认知方式与计算机优势的计算能力融合起来，构建起一种新的理解途径；最后是在智能的输出端，将人在决策中体现的价值效应加入计算机逐渐迭代的算法之中相互匹配，形成有机化与概率化相互协调的优化判断。在人机融合的不断适应中，人将会对惯性常识行为进行有意识的思考，而机器也将会从人的不同条件下的决策发现价值权重的区别。人与机器之间的理解将会从单向性转变为双向性，人的主动性将与机器的被动性混合起来[3]。人处理其擅长的“应该”等价值取向的主观信息，而机器不仅处理其擅长的“是”等规则概率的客观数据，同时也将从人处理“应该”信息中优化自己的算法，从而产生人 + 机器既大于人也大于机器的效果。

人机融合采用分层的体系结构。人类通过后天完善的认知能力对外界环境进行分析感知，其认知过程可分为记忆层、意图层、决策层、感知与行为层，形成意向性的思维；机器通过探测数据对外界环境进行感知分析，其认知过程分为目标层、知识库、任务规划层、感知与执行层，形成形式化的思维。相同的体系结构指明人类与机器可以在相同的层次之间进行融合，并且在不同的层次之间也可以产生因果关系。图 2-1 为人机融合智能的示意图。

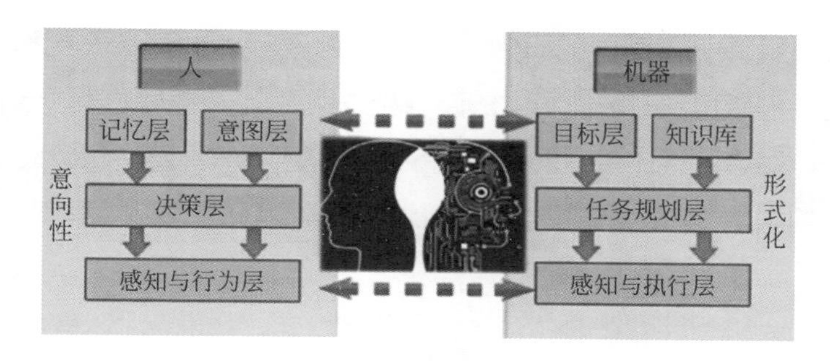

图 2-1　人机融合智能

人机融合智能，简单地说就是充分利用人和机器的长处形成一种新的智能形式。

英国首相丘吉尔曾经说过:“你能看到多远的过去，你就能看到多远的未来”，所以我们有必要看一看人机智能融合的过去。任何新的事物都有其产生的源泉，人机融合智能也不例外，人机融合智能主要起源于人机交互和智能科学这两个领域，而这两个领域的起源都与英国剑桥大学有着密切的关系:1940 年夏，当德国轰炸机飞向伦敦之际，人机交互与智能科学的研究序幕就被徐徐拉开。英国人为了抵御德国人的进攻，开始了雷达、飞机、密码破译方面的科技应用工作，当时在剑桥大学圣约翰学院建立了第一个研究人机交互问题的飞机座舱（即著名的 Cambridge Cockpit），以解决飞行员们执行飞行任务时出现的一些错误和失误，另外，剑桥国王学院的毕业生图灵领导了对德军“恩尼格玛”密电文的破译……事实上，早在 19 世纪，剑桥大学的查尔斯 · 巴贝奇和阿达 · 奥古斯塔（剑桥大学毕业的诗人拜伦的女儿，世界第一位程序员）就开始合作机械计算机软硬件的研制，20 世纪之后，数学家罗素、逻辑学家维特根斯坦都对智能科学的起源和发展做出了重大贡献。当前人机智能融合领域比较火的两位:深度学习之父辛顿曾是剑桥大学心理系的学生，AlphaGo 之父哈萨比斯本科是剑桥计算机系毕业的。

在人机智能融合时，有一件事非常重要，就是这个人要能够理解机器如何看待世界，并在机器的限制内有效地进行决策。反之，机器也应对配合的人比较“熟悉”，就像一些体育活动中的双打队友一样，如果彼此间没有默契，想产生化学变化般的合适融合、精确协同就是天方夜谭。有效的人机智能融合常常意味着将人的思想带给机器，这也就意味着：人将开始有意识地思考他通常无意识地执行的任务；机器将开始处理合作者个性化的习惯和偏好；两者都还必须随时随地随着环境的变化而变化……高山流水，电脑与心灵相互感应，充分发挥两者的优点和长处，如人类可以打破逻辑运用直觉思维进行决策，机器能够检测人类感觉无法检测到的信号能力等。人类所理解的每一个命题，都必定全然是由人们所获知的各种成分所组成的。

人机融合智能机制、机理的破解将成为未来战争制胜的关键。任何分工都会受规模和范围限制，人机融合智能中的功能分配是分工的一部分，另外一部分是能力分配。功能分配是被动的，外部需求所致；能力分配是主动的，内部驱动所生。在复杂、异质、非结构、非线性数据/信息/知识中，人的或者是类人的方向性预处理很重要，当问题域被初步缩小范围后，机器的有界、快速、准确优势便可以发挥出来了；另外，当获得大量数据/信息/知识后，机器也可以先把它们初步映射到几个领域，然后人再进一步处理分析。这两个过程的同化顺应、交叉平衡大致就是人机有机融合的过程。

未来的关键就在于人机融合的那个“恰好”。阴阳鱼中间的那条S形分隔线，无论怎样机器是不可能创造出意识来的，机器再多、再大，相对人而言，也只是小半个世界。如若不信，不妨就请稍微关注一下当前的疫情演化苗头，也许就会有点感觉了。

一天傍晚遛弯，笔者竟然听到了布谷鸟的叫声。这不禁使人想起，不同地区的人会有不同的音译，有“布谷，布谷”音译成“阿公阿婆，割麦插禾”的，还有“布谷，布谷”音译成“不哭不哭，光棍好苦”的……总之，人可以随心所欲地布谷出各种各样、千奇百怪的意思来，而对于机器而言，只有响度、音调和音色是反映声音特性的三个物理量。

二、人机融合智能的起源及未来发展方向

人、机、环境系统之间的相互作用产生了智能，这不仅是一个科学问题，也包含非科学部分的研究（如人文艺术、哲学宗教），其中，人是复杂系统，机是相对简单的系统，环境的涨落变化非常大，所以我们研究的人机环境系统既有“确定性”，又有“随机性”，就成为“复杂的巨系统”。钱学森先生认为针对“复杂的巨系统”人类目前还没有找到解决的一般原理和方法，人机融合智能系统理论可能就是一种有益的尝试。然而，人机中的时空、逻辑机制不一致是引发智能融合困难的关键，人机融合智能的瓶颈还是如何实现有理、有利、有节的节奏和韵律。例如在人机融合过程中有些问题将会变得越来越突出：如何进行有效的人机功能分配？人机何时、何处以何方式进行何种分配？当人、机速度不匹配时，以人速为准较好还是以机速为准较好？人机怎样融合学习、融合理解、融合决策、融合推理、融合感知、融合意图？还有数据、信息、知识、智能、智慧之间究竟是如何相互作用并转化的？《易经》析动静，《道德经》

论是非，《孙子兵法》谈虚实，维特根斯坦证有无，布尔代数说0、1，图灵测试言相似，冯·诺依曼共存算，这些概念之间是什么关系？在数字逻辑中，与或非及其之外的关系存在吗？在非数字逻辑中，如何定义类比程度的计算？以人为本的思路还对吗？如果不对，以什么为本？如果对，会不会割裂人、物（机）、环境之间的共在关系？如何表征既是又不是、既应又不应、既能又不能、既要又不要、既肯定又否定、既……又不……呢？如何表征宏观、中观的叠加和纠缠态？如何在人机融合中产生并培养容忍、让步、妥协等机制机理呢？

当代人工智能由最初的完全人工编译的机器自动化发展到了人工预编译的机器学习，接下来的发展可能是通过人机融合智能的方法来实现机器认知，最终实现机器觉醒。

三、人机智能既不是人类智能，也不是人工智能

从前，一个教授，去一个穷乡僻壤坐船过江，就问船上的船工：你学点数学没有？没有。你学点物理没有？没有。那懂不懂计算机啊？不懂。

教授感叹，这三样都不会，你的人生已经失去了一半。隔了一会乌云密布，狂风四起，船工问：你会游泳吗？教授说不会。“那你可能要失去整个生命了！”

根据过去的数据计算现在和未来是数学常用的手段，根据未来期望算计现在和过去才是人智的方法。

我们知道的远比我们说出来的要多得多，我们不知道的远比我们知道的要多得多，我们不知道我们不知道的远比我们不知道的要多得多……

人类的感觉刺激、信息是动态分类、聚类，不是一次完成的，而是多次弥聚变化的（这种轮回机制目前尚未搞清楚）。大道无形的道是碎片的、流性的……所以正是零碎的规则、概率、知识、数据、行为构成了人的智能，即在千奇百怪的日常异构活动情境中生成演化出来的。人智，从一开始就不是形式化、逻辑化的，而且人的逻辑是为非逻辑服务定制的；机器则相反，从一开始就是条理化了、程序化的，也是为人的非逻辑服务的。

本质上，数据的标记与信息的表征不同之处在于有无意义的出现，意义即是否理解了可能性。涉及的表征体系虽然是人制定赋予的，但一诞生就已失去了本应的活性，即意向性参与下的各种属性、关系灵活连接和缝合，而人的诸多表征方式则常常让上帝都不知所措：一花一世界，一树一菩提。知识图谱的欠缺就在知识的分类，它僵化了原本灵活着的知识表征，使之失去了内涵与外延弥聚的弹性，就像职称评定一样……用有限表现无限是美，把无限用有限诠释出来是智（真），连接两者的是善（应该、义）。机器决策，通常是用合适的维度降低分类信息熵。而人在实际生活中，对信息的处理是弥聚维度……有张有弛，弥聚有度，意形交替，一多分有，弹性十足。

如果说机器的存储是实构化，那么人的记忆就是虚＋实构化，并且随着时间的推移，虚越来越多，实越来越少，不仅能有中生无，甚至还可以无中生有，就像各种历史书中的传奇或各样的流言蜚语一样。更有意思的是人的记忆可以衍生出情感——这种对机器而言是匪夷所思的内容。

人的学习过程大多数不仅是为了获取一个明确的答案，更多的是寻找各种理解世界、发现世界的可能方式。而机器的“学习”（如果有的话）“目的”不是为了发现联系，而是为了寻求一个结果。

智能的根本不是算，是法，是理解之法、之道，理解是关键。NLP 不先解决理解问题，只追求识别率，是不会有突破的。其实人对声音的识别率是很低的，经常要问别人说了什么。能问别人说了什么是最关键的能力，因为知道没有理解才能问出问题。很多系统的理解最终靠人，如果没有人参与，不管处理了多少文字，都没有任何理解出现。目前的人工智能缺失的是：对人感性层面的仿生不够完善，因此无法完全了解人做决策的生理与心理机制。言下之意，只有人工智能做到像人一样去感受外部的世界，并用处理器进行人一样的理性思考，从内至外地模拟和学习人类，这样的人工智能才是完善的。

博弈理论家鲁宾斯坦发表了文集《语言与经济学》，其中一篇论文里，鲁宾斯坦用一个博弈模型说明“辩论”对不参与博弈的旁听者有非常大的好处，因为辩论使得双方不得不将“私有”的信息披露给旁听的人。数学方法可能遮蔽了深刻洞察，而人的直觉性感知，其载体是有机体的感觉器官，已经包含有机体对各种关系的理解。只是为了要把这种理解固定下来，形成“记忆”，人类才需要另一种能力的帮助，那就是“理性”能力。在理性能力的最初阶段，便是“概念”的形成。概念就是一种界限、约束、条件，在不同的情境下，这些界限、约束、条件会发生许多变化，甚至会走向它的对立面……这也是为什么智能难以定义，有人参与的活动里会出现各种意外的原因。叔本华曾指出:“在计算开始的地方，理解便终结了。”因为，计算者关注的仅仅是固定为概念的符号之间的关系，而不再是现实世界里发生的不断变化的因果过程。与“概念”思维的苍白相对立，关于“直觉性理解”的洞察力，叔本华也有如下精彩的论述:“每个简单的人都有理性，只要告诉他推理的前提是什么就行了。但是理解却不同，它提供的是原初性的东西，从而也是直觉性的知识，在这里出现了人与人之间天生的差别。事实上，每一个重大的发现，每一种具有历史意义的世界方案，都是这样的光辉时刻的产物，当思考者处于外界和内在的有利环境里时，各种复杂的和隐藏着的因果序列被审视了千百次，或者，前所未有的思路被阻断过千百次，突然，它们显现出来，显现给理解。”在这一意义上，目前的全部计算机智能，只要还不是基于“感官”的智能，在可看到的未来，就永远无法获得我们人类这样的创造力。这里，“感官”是指对“世界”做直接感知的器官，有能力直接呈现表征世界图景的器官，而不是像今天的计算机这样，需要我们人类的帮助才可以面对这个世界“再现”什么。钱学森说：“人体作为一个系统。首先，它是一个开放的系统，也就是说，这个系统与外界是有交往的。例如，通过呼吸、饮食、排泄等进行物质交往；通过视觉、听觉、味觉、嗅觉、触觉等进行信息交往。此外，人体是由亿万个分子组成的，所以它不是一个小系统，也不是一个大系统，而是比大系统还大的巨系统。这个巨系统的组成部分又是各不相同的，它们之间的相互作用也是异常复杂的。所以是复杂的巨系统。”实际上，当前的人工智能只使用了人类理性中可程序化的一小部分，距离人类的理性差距还很大，更不要说初步接近人类更神奇的部分——感性了。

伽利略说过：数学是描述宇宙的语言。事实上，准确地说应该是：数学是描述宇宙的语言之一，除此之外，还存在着许许多多的描述方式。这也是智能科学面临的问题，该如何有效地融合这些不同语言的语法、语义、语用呢？对于多元认知体系来说，共性认知成分稀缺而重要，数学是这方面的一种尝试，用以描绘对象间的关系（但非仅有）。如果换了一种文明，它们的描绘方式不同，形式自然不同。数学不是究竟，只是对实相某个方面的陈述，类似盲人抚摸象腿的感受。数学和诗歌都是想象的产物。对一位纯粹数学家来说，他面临的材料好像是花边，好像是一棵树的叶子，好像是一片青草地或一个人脸上的明暗变化。也就是说，被柏拉图斥为“诗人的狂热”的“灵感”对数学家一样重要。例如，当歌德听到耶路撒冷自杀的消息时，仿佛突然间见到一道光在眼前闪过，立刻他就把《少年维特之烦恼》一书的纲要想好，他回忆说：“这部小册子好像是在无意识中写成的。”而当“数学王子”高斯解决了一个困扰他多年的问题（高斯和符号）之后写信给友人说:“最后只是几天以前，成功了（我想说，不是由于我苦苦的探索，而是由于上帝的恩惠），就像是闪电轰击的一刹那，这个谜解开了；我以前的知识，我最后一次尝试的方法以及成功的原因，这三者究竟是如何联系起来的，我自己也未能理出头绪来。”再如奖惩是机器增强学习的核心机制，而人的学习在奖惩之间还有其他一些机制（适应，是主动要奖励 / 惩罚还是被动给奖励 / 惩罚），如同刺激——反应之间还有选择等过渡过程。另外，人类的奖惩机制远比机器简化版的奖惩机制复杂得多，不但有奖奖、惩惩机制，甚至可以有惩奖机制，给予某种惩罚来表达真实的奖励（如明降暗升），当然，明升暗降的更多。人类的那点小心思，除了二进制，机器们目前继承的还不太多。

在川流不息的车流中穿行而全身而退，就是人机态势协同的经典情境。仔细想想，态势与阴阳还有着相似关系:（状）态为阳——显性的 being,（趋）势为阴——隐性的 should；感（属性）为阳，知（关系）为阴，阴中有阳，阳中有阴。

人的学习与机器学习最大的不同在于是否为常识性的学习，人在教育或被教育时，是复合式认知，而不仅仅是规则化概率性输入。人的常识很复杂，扎堆的物理、心理、生理、伦理、文理……既包括时间、空间的拓扑，也包括逻辑、非逻辑的拓扑。人既是动物，也是静物。机也如此，但其动、静与人的还是有差异。人机融合学习、人机融合理解、人机融合决策、人机融合推理、人机融合感知、人机融合意图、人机融合智能才是未来发展的趋势和方向。

人有一种能把变量变成常量，把理性变成感性、把逻辑变成直觉、把非公理变成公理、把个性变成共性多、把对抗生成妥协的能力。例如，人不但可以把 how 用程序化知识表征，还可以把 why 用描述性知识表示，至于 what、where、when 这些问题让机器辅助检索即可。无论人的自然智能还是人工智能，最后都涉及价值取向问题，可惜机器在未来可见的范围内不会有。如果说价格是标量，价值是矢量，那么也可以说数据是标量，信息是矢量，机器是标量，人是矢量。若数据是标量，信息是矢量，知识就是矢量的矢量，究其因，数据终究是物理性的，本身没有价值性，信息是心理性的，具有丰富的价值取向。

目前主流人工智能理论丧失优势的原因在于，它所基于的理性选择假定暗示着决策个体或群体具有行为的同质性。这种假定由于忽略了真实世界普遍存在事物之间的差异特征和不同条件下人对世界认识的差异性，导致了主流理论的适用性大打折扣，这也是它不能将“异象”纳入解释范围的根本原因。为了解决该根本问题，历经多年发展，许多思想者已逐渐明晰了对主流智能科学进行解构和重组的基本方向，那就是把个体行为的异质性纳入智能科学的分析框架，并在理性假定下把个体行为的同质性作为异质性行为的一种特例情形，从而在不失主流智能科学基本分析范式的前提下，增强其对新问题和新现象的解释和预测能力，即把行为的异质性浓缩为两个基本假定：个体是有限理性的；个体不完全是利己主义的，还具有一定的利他主义。心理学、经济学、神经科学、社会生态学、哲学等为智能科学实现其异质性行为分析提供了理论跳板和基础。简单可称之为人异机同现象，未来的智能应该在融合了诸多学科并在新一代信息学基础上成长起来，而不是仅仅在当前有着诸多不完备性的数学基础之上成长起来。

新手对抽象枯燥的信息无感，而高手则能从中提炼出生动、鲜活、与众不同的信息，即通理达情，看到别人看不到（从同质性提炼出异质性）、觉察出别人觉察不了的信息，形成直觉（快）决策，这也就导致了不同寻常的非理性行为和信念不断地发生。“认知吝啬鬼”是指人类大脑为了节省认知资源，在做决定时，喜好寻找显而易见的表面信息进行处理，以求快速得出结论，而结果很可能是错的，所以以肤浅著称。与“认知吝啬鬼”不同，心理学中还有一个概念叫“完全析取推理”（fully disjunctive reasoning），指当面对多个选项需要做决策，或是要根据假设推理得出一个最佳解决方案时，会对所有的选项或者可能性的结果进行分析、评估，从而得出正确的答案。因为进行系统的分析，速度相对比较慢。

知识的默会已造成很多不确定性，规则的内隐更使得交互复杂加倍。其根源在于交互对象具有“自己能在不确定和非静态的环境中不断自我修正”。这就要求不但有知识更新的要求，而且更有组织机制挖潜强调。人机交互实质上是人的感性结构化与人的部分理性程序化之间的融合。“同情”很容易被理解为：我们在这种感受中以某种方式分有他人的情感。实际上，同情共感是一种情感秩序一致性的共现期望。我们在意识领域中至少可以发现以下六种互不相同的“共现”方式：映射的共现、同感的共现、流动的共现、图像化的共现、符号化的共现、观念化的共现。因此，“共现”虽然首先被胡塞尔用于他人经验，但它实际上是贯穿在所有意识体验结构中的基本要素。对于此，机器仍远远不能学习实现之。

霍金和穆洛迪诺都曾把光说成是“行为既像粒子又像波动”，智能也是如此弥聚，弥散如波动，聚合如粒子（注意机制的加入）。对象是静态的，分配匹配是动态的，是不断被刷新的，可谓此一时彼一时，如何把握不同时期的人机功能分析变化，这或许是一个非常有意思的问题。现在的许多无人系统或体系不是说真无人，而是没有了直接人，同时对间接人的要求会更高了。人机融合不同情境的自主机制不太一样，如个体的自主与系统、体系的自主不同。此外，人机融合的一个重要问题是如何平衡，如能力的、时机的、方式的、研判的平衡等，融合得不好，往往都是这些方面的失衡所造成的。例如，人机交互分为自我内交互和与他外交互，许多表达或表征对其他对象仅出现逻辑上的意义，与真实发出者的心理意义往往是不一致的，这种情况体现在人机深层次沟通的不流畅和晦涩、难以为继上。比较而言，机器是擅长处理家族相似性事物的，人则是优于处理非家族相似性的，即人类可以从不相识 / 相似的事物中抽取相识 / 相似性，而人机融合是兼顾两者。跨界交叉就是要找到非家族相似性进行有向关联。波粒二象性就是连续与离散的态势，态势与感知都有二象性，认知也有，离散时可以跨界交叉融合非家族相似性,连续时常常体现平行惯性保持家族相似性。人的非理性认知(离散)与机的理性认知(连续)结合是否符合正义(正确的应该)是衡量有效融合的主要指标之一。

人机融合智能有两大难点:理解与反思。人是弱态强势,机是强态弱势,人是弱感强知,机是强感弱知。人机之间目前还未达到相声界一逗一捧的程度,因为还没有单向理解机制出现,能够幽默的机器依旧遥遥无期。乒乓球比赛中运动员的算到做到,心理不影响技术(想赢不怕输),如何调度自己的心理(气力)生出最佳状态,关键时刻之心理的坚强、信念的坚定等,这都是机器难以产生出来的生命特征物。此外,人机之间配合必须有组合预期策略,尤其是合适的第二、第三预期策略。自信心是匹配训练出来的,人机之间信任链的产生过程常常是:陌生→不信任→弱信任→较信任→信任→较强信任→强信任,没有信任就不会产生期望,没有期望就会人机失调,而单纯的一次期望匹配很难达成融合,所以第二、第三预期的符合程度很可能是人机融合一致性的关键问题。人机信任链产生的前提是人要自信(这种自信心也是匹配训练出来的),其次才能产生他信和信他机制,信他与他信里就涉及多阶预期问题。若 being 是语法,should 就是语义,二者中和相加就是语用,人机融合是语法与语义、离散与连续、明晰与粗略、自组织与他组织、自学习与他学习、自适应与他适应、自主化与智能化相结合的无身认知 + 具身认知共同体、算 + 法混合体、形式系统 + 非形式系统的化合物。反应时,准确率是人机融合智能好坏的重要指标。人机融合就是机机融合,器机理 + 脑机制;人机融合也是人人融合,人

情意 + 人理智。

人工智能相对是硬智，人的智能相对是软智，人机智能的融合则是软硬智。通用的、强的、超级的智能都是软硬智，所以人机融合智能是未来，但是融合机理机制还远未搞清楚，更令人恍惚的是一不留神，不但人进化了不少，机又变化得太快。个体与群体行为的异质性，不仅体现在经济学、心理学领域，而且还是智能领域最为重要的问题之一。现在主流的智能科学在犯一个以前经济学犯过的错误，即把人看成是理性人，殊不知，人是活的人，智是活的智，人有欲望、动机、信念、情感和意识，而数学性的人工智能目前对此还无能为力。如何融合这些元素，使之从冰冻、生硬的状态转化为温暖、柔性的情形，应该是衡量智能是否智能的主要标准和尺度，同时这也是目前人工智能很难跳出人工的瓶颈和痛点，只有钢筋没有混凝土。经济学融入心理学后即可使理性经济人变为感性经济人，而当前的智能科学仅仅融入心理学是不够的，还需要渗入社会学、哲学、人文学、艺术学等才能做到通情达理，进而实现由当前理性智能人的状态演进成自然智能人的形式。智能中的意向性是由事实和价值共同产生出来的，内隐时为意识，外显时叫关系。从这个意义上说，数学的形式化也许会害死智能，维特根斯坦认为：形式是结构的可能性。对象是稳定的东西，持续存在的东西；而配置则是变动的东西，非持久的东西。维特根斯坦还认为：我们不能从当前的事情推导出将来的事情。迷信恰恰是相信因果关系。也就是说，基本的事态或事实之间不存在因果关系。只有不具有任何结构的东西才可以永远稳定不灭、持续存在；而任何有结构的东西都必然是不稳定的，可以毁灭的。因为当组成它们的那些成分不再依原有的方式组合在一起时它们也就不复存在了。事实上，在每个传统的选择（匹配）背后都隐藏着两个假设：程序不变性和描述不变性。这两者也是造成期望效用描述不够深刻的原因之一。程序不变性表明对前景和行为的偏好并不依赖于推导出这些偏好的方式（如偏好反转），而描述不变性规定对被选事物的偏好并不依赖于对这些被选事物的描述。

最近，澳大利亚悉尼大学的克里斯·雷德通过研究认为："它们正在重新定义智能的性质。"一种被称为"海绵宝宝"的黄色多头绒泡菌（Physarum polycephalum）也能记忆、决策、预测变化，能解决迷宫问题，模拟人造运输网络设计，挑选最好的食物。它们能做到所有这些事，但它们却没有大脑，或者说没有神经系统。这一现象不得不让科学家重新思考，智能的本质究竟是什么？通过研究人们发现，智能就是人物环境系统之间的交互现象，就是智，就是慧，就是情，就是意，就是义，就是易，就是心……心理的心就是人机环境系统的交互，很难像物理还原一样进行心理还原，生/心理与物理最大的不同是：一个是生，一个是物；一个是活的，一个不是活的；一个不易还原，一个较易还原。人文艺术之所以比科学技术容易产生颠覆原创思想，不外乎在于跨域性的反身性——移情同感，超越自我，风马牛也相及，而人一般都不愿意因循守旧一生，所以人文艺术给人提供了更广阔的想象空间，正可谓人们看见什么并不重要，重要的是人们如何诠释看见的事物。

德里达有句名言:“放弃一切深度，外表就是一切”，隐藏的意思是：生活本身并不遵守逻辑，它是非逻辑的，无标准的，就像文字学，以一种陌生的逻辑在舞蹈。

四、算法的秘密

1. 算法中的算，包括计算和算计两部分

（1）计算是逻辑的，而逻辑就是推理。

① 推理是有规则的。

② 规则一般不会变化，但变化却是一种规则。

③ 规则是产生式的，属于自动化范畴。

④ 自动化的本质就是计算的逻辑规则推理，包括与、或、非及其各种组合。

⑤ 人工智能的物理基础就是数字化与、或、非逻辑及其各种组合计算（尽管也会涉及一些非线性统计概率计算）。

⑥ 人工智能是自动化领域的一部分。

（2）算计是非逻辑的，而非逻辑不是推理。

① 非逻辑不按推理程序进行。

② 算计穿透着各个推理领域的部分。

③ 这种启发式跨域的能力与感性有关。

④ 感性是生产式的，属于智能化范畴。

⑤ 智能化的核心就是算计的非逻辑、非规则跨域性感知，包括主要的与、或、非及其各种组合及其之外的洞察。

⑥ 自动化是智能化领域的一部分。

2. 算法中的法，是算计的算计

（1）法中包括具身性和反身性。

① 具身性使用耦合和涌现等概念解释认知过程，而不必要假设一个“表征”的概念。

② 反身性即认识可以产生认识，行为可以生产行为。

③ 画里的留白、话外的留白都是法，其他部分是算。

（2）法不是计算。

① 法不是计算的法则，是算计的法则。

② 计算的法则有情境，算计的法则无情境。

③ 人工智能有封闭性，智能没有封闭性。

（3）算法中法大于算。

① 法不是事实，而是价值。

② 事实适用于推算，价值适合觉察。

③ 法可以反事实推理，也可以反价值推理，还可以跨域（非）推理。

④ 算在下，自下而上，产生式，有理有据。

⑤ 法在上，自上而下，启发式，通情达理。

⑥ 法能看到远处，算能看到近处。

⑦ 人擅长法，机优于算。

3.“计算计”与深度态势感知

（1）计算 + 算计生成“计算计”。

① 计算用“是”，算计用“应”。

② 计算有源，算计无本。

③ 计算是科学，算计为艺术。

④ 计算计就是深度态势感知。

⑤ 计算是已知条件，算计是未全知条件。

（2）深度态势感知即洞察。

① 态是计算，势是算计，感是映射，知是联系。

② 态势感知就是用确定性计算计非确定性。

③ 深度态势感知就是计算计事实、价值、责任。

④ 计算一定要情境、场景、态势化，算计则可以非情境、非场景、非态势化。

⑤ 计算计过程中会衍生出自主机制，一种在计算与算计之间的恰当切换。

⑥ 计算计可以交易、变易、不易、简易，也可以同化、顺应、平衡。

4. “计算计”不是科学问题，而是复杂性问题

“机”解决“复”问题，人解决“杂”问题。

五、人机融合智能的应用

2018 年，人机融合智能技术呈现个体智能与群体智能弥散聚合的态势，既关涉个人也与“群体”智能有关。人机融合智能中的人不限于个人，而且代表着以人为本的认知思维方式，还包括众人；机器也不限于机器装备，还代表着计算机系统的机制、机理。除此之外，自然和社会环境、真实和虚拟环境都会对人机融合智能的适应性产生影响等。人机融合智能着重于解决上述人机融合过程中产生的细节问题。

美国快公司（Fast Company）提及的“人与机器人融合的阿

凡达（Avatar）风格”案例，通过其配置的头戴式显示器，操作者可以看到机器人捕捉到的场景，并且机器人将操作者执行动作产生的反馈继而传回给操作者，从而形成人机融合的信息闭环。远程控制机器人传递了机器人对环境态势的感知，而由人处理理解与决策，这是初级阶段的人机融合智能。图 2-2 中展现的 T-HR3 型机器人通过最新的 5G 网络技术可以使机器人在长距离的工作环境中摆脱延迟影响，几乎可以为用户提供即时反馈。

图 2-2　T-HR3 型机器人

该机器人对现实场景中力的传达也十分精确，它可以执行需要用力才能完成的任务：双手拿球，抓起模块并堆砌，甚至与人握手。在人机融合与机器人的实际应用下，丰田公司研发的最新的人机融合平台将探索机器人与周围环境之间物理交互的安全管理，以及一种能将用户动作映射到机器人的新型远程操纵系统，使得人机融合获得更加流畅的体验。

同时，在制造业人机融合智能也得到了重视与发展。曾经的工业流水线中机器人代替人类完成重复的机械工作。现今出现在制造业工业流水线中的人机融合智能依存于不同的硬件设备与环境条件，有的类似机器人助手，有的则是外骨骼套装。宝马公司的斯帕坦堡工厂里有一款“夏洛特小姐”的人机融合机器人，用来辅助车门的精确安装。梅赛德斯—奔驰公司也在开发人机融合技术，该公司面向每个个体客户向奢华车型定制更加个性化的服务，利用数据与人工的结合使得这一服务得到可行。在使用人机融合智能取代了体积更大的自动化系统后，定制版 S 级轿车所需的特殊零件将不会带来普通流水线提供时效性的麻烦，转而替代的是更方便的操作与管理。麻省理工学院的教授朱莉·肖正在开发一种特殊的软件算法，它的目的在于使得机器人理解人类发出的信号，继而解决机器人与人类的沟通问题。

1997 年，“深蓝”赢得了国际象棋的人机大战之后，美国国防部高级研究计划局以此为模板开始研发的下一代作战指挥和决策支持系统“深绿”(DeepGreen，DG)，其把“观察 - 判断 - 决策 - 行动”环路中的“观察 - 判断”环节通过计算机多次模拟仿真，演示出采用不同作战方案可能产生的效果，对敌方的行动进行预判，让指挥官做出正确的决策，缩短制定和分析作战计划的时间，主动对付敌人而不是在遭受攻击后被动应付，从而使美军指挥官无论在思想上还是行动上都能领先潜在对手一步，如图 2-3 所示。

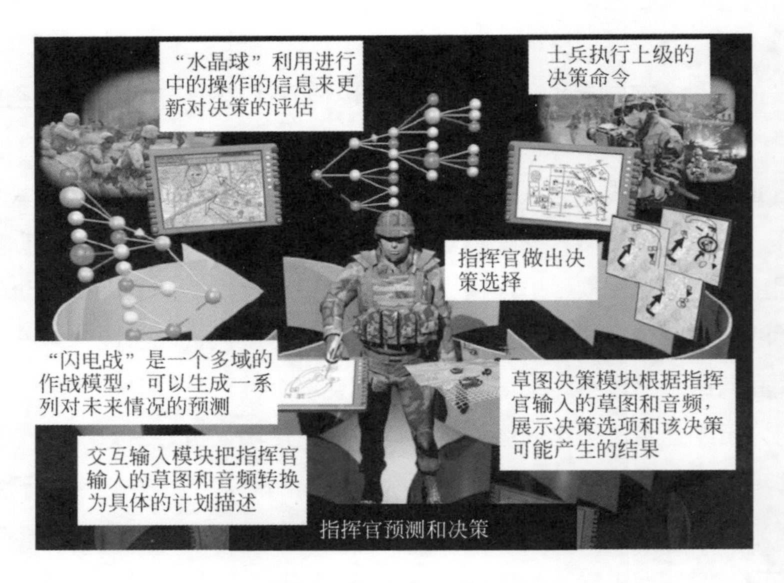

图 2-3 "深绿"系统原理

"深绿"系统主要由名为"指挥员助手"的人机交互模块、名为"闪电战"的模拟模块、名为"水晶球"的决策生成模块组成，其架构如图 2-4 所示。

（一）"指挥员助手"模块

"指挥员助手"模块主要完成人机对话功能，可将指挥官手绘的草图和表达指挥意图的相应语言自动转化为旅级行动方案

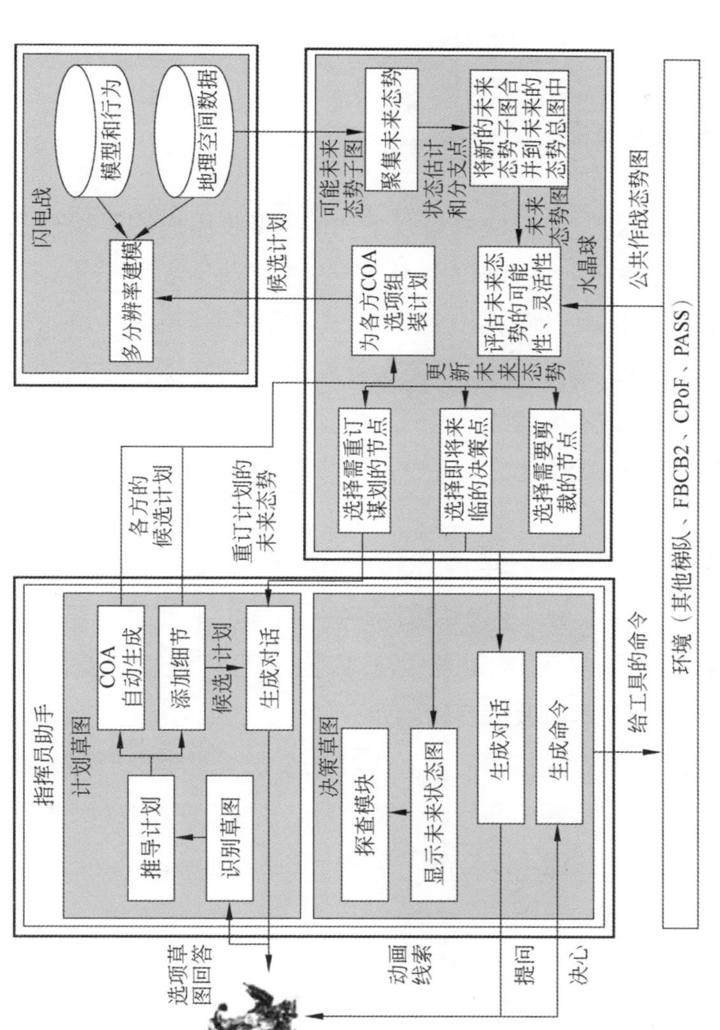
闪电战
多分辨率建模
模型和行为
地理空间数据
候选计划
可能未来态势子图
聚集未来态势
状态估计和分支点
将新的未来态势子图合并到未来的态势总图中
未来态势图
为各方COA选项组装计划
评估未来态势的可能性、灵活性
水晶球
公共作战态势图
更新未来态势
选择需重订谋划的节点
选择即将来临的决策点
选择需要剪裁的节点
各方的候选计划
重订计划的未来态势
指挥员助手
计划草图
COA自动生成
添加细节
候选计划
生成对话
推导计划
识别草图
决策草图
探查模块
显示未来状态图
生成对话
生成命令
给工具的命令
环境（其他梯队、FBCB2、CPoF、PASS）
选项草图回答
动画线索
提问
决心

图 2-4 “深绿”系统架构

（COA），帮助快速生成作战方案和快速决策。该模块包括以下三个子模块："计划草图""决策草图"和"自动方案生成"。

1."计划草图"子模块

"计划草图"子模块具有以下功能：接收用户的手绘草图及语音输入，并转化为标准的军用符号，如美军作战符号准则 MIL STD2525B。指挥官可以用自己的方式进行思考与绘图，而不必拘泥于完全正式的军标；为作战方案补充细节；拥有足够的各领域知识，当遇到少数不清楚的问题时，可以询问用户，理解真实意图并对战斗模型进行初始化。

"计划草图"子模块的输出将是用军事设定标记语言描述的行动方案。"计划草图"子模块包括草图识别器、计划诱导器、方案自动生成器、细节添加计划器以及对话生成器。草图识别器将一系列自行绘制的记号以及语音转化为一系列标准军用符号；计划诱导器利用大量符号帮助指挥官定下计划与意图；细节添加计划器将为指挥官生成的方案添加细节，这样"闪电战"模块才能对该方案进行仿真；对话生成器可以与指挥官进行交互，澄清模糊问题，帮助理解指挥官的决心意图。

2."决策草图"子模块

"决策草图"子模块对实现"深绿"目标非常关键，其目的是使指挥官“看见未来”，具有以下功能：接收来自“水晶球”的决策点输入和来自指挥官的决策；显示采用不同决策方案所产生的可能性、风险、价值、效果以及其他因素等多维信息，帮助指挥官更好地理解未来可能形成的态势；向下属传达决策。

“决策草图”子模块包括探查模块、表示模块、对话生成器以及命令生成器。探查模块允许指挥官探究未来可能的作战图像，从而掌握决策的后续效果；表示模块将来自未来作战图像的信息转换为直观表述；对话生成器为指挥官呈现所需要的决策，并与指挥官进行沟通，直到真实理解指挥官的作战意图；命令生成器将指挥官的决策规范表达为对下属的指令，并向“水晶球”模块提供该信息，以保持和更新未来作战图像。

3.“自动方案生成”子模块

在“深绿”计划初期，“自动方案生成”子模块仅是简单地将指挥官的意图转化为作战方案。随着“深绿”计划的推进，该模块的目标是可创造性地自动生成符合指挥官意图的作战方案。

（二）“闪电战”模块

“闪电战”模块是“深绿”计划中的模拟部分，通过利用定性与定量分析工具，可以迅速地对指挥官提出的各种决策计划进行模拟，从而生成一系列未来可能产生的结果。该模块具有自学习功能，对未来结果预测的能力可不断提高。

“闪电战”模块可以识别各个决策分支点，从而预测可能结果的范围和可能性，然后顺着各个决策路径进行模拟。“闪电战”模块主要包括多决策模拟器、模型与行为库、地理空间数据库三部分，具有以下功能：输入作战各方的方案；确定决策分支点或未来可能的情况；推理评估每个决策分支的可能性；对所有决策都进行连续模拟，遍历所有可能的决策选择。

（三）“水晶球”模块

“水晶球”模块将能够根据作战过程中的信息及时对未来作战进程进行更准确的预测。其主要功能包括：在生成未来可能结果的过程中，接收来自“计划草图”子模块的决策方案，然后发给“闪电战”模块进行模拟，随后接收来自“闪电战”模块的反馈，并以定量的形式将所有未来可能的结果进行综合分析；从正在进行的作战行动中获取更新信息，同时更新各种未来可能结果的可能性参数；利用这些更新的可能性参数，对未来可能的结果进行分析比较，向指挥官提供最有可能发生的未来结果；利用分析结果，确定即将到来的决策点，提醒指挥官进行再决策，并调用“决策草图”子模块。

第3章

智能的本质不是数据、算法、算力和知识

一、智能的本质

生理的交互实现了生命，心理的交互成就了自己，人物（机）环境系统的交互衍生出了社会中的我。交互产生了真实与虚拟。交互形成了“我”，“我”就是交互，没有交互就没有数据、信息、知识、推理、判断、决策、态势、感知。首先，交互过程具有双向性，A 给予 B，同时，B 也给予 A；其次，交互过程具有主动性，A、B 之间存在着同等发起关系；再次，交互过程具有同理性，A 要考虑 B 的承受度，同时，B 也要考虑 A 的承受度；最后，交互过程具有目的性，A、B 之间存在着一致性协调关系。所以，严格意义上讲，目前的机器本身是没有交互性的，即机器没有“我”的概念抽象。

也可以说，智能就是源于交互——“我”而产生的存在。智能与数据、信息、知识、算法、算力的关系不大，而是与形成数据、信息、知识以及怎样处理、理解的交互能力关系颇大。数据、算法、算力、知识只是智能的部分表现而已，想使用它们实现智能有点像搬梯子登月一样，真实的智能与非存在的有之表征、信仰与理解之融合、事实与价值之决策密切相关，智能是一种可去主体性的可变交互，它能够把不同的存在、情境和任务同构起来，实现从刻舟求剑到见机行事、从盲人摸象到融会贯通、从曹冲称象到塞翁失马的随机切换，进而达到由可信任、可解释的初级智能形式（如人工智能）逐步向可预期、可应变的人机环境系统融合智能领域转变。

交互之所以是智能的源泉，关键在于两处：一是“交”，二是“互”。所谓“交”更多是指事实性的回合，既有生理、心理、伦理的，也有数理、物理、管理的；所谓“互”更多偏向价值性的回合，既有主动、意向、目的性的，也有双向、同理、同情性的。非存在的有是一种或缺性问题，智能对此的作用就是在交互中实现查漏补缺、窥斑知豹；信仰与理解是一种认识性问题，智能对此的作用就是在交互中平衡先入为主与循序渐进的矛盾；事实与价值是一种实践性问题，智能对此的作用就是在交互中进行客观存在与主观意识的及时辩证、准确实施。最终通过人机环境系统之间的“交”和“互”，达到经验与实验、先验与后验、体验与检验、有验与无验的一致。

若“交”对应着实数，“互”对应着虚数，“交互”则就对应着复数；若“交”对应着事实，“互”对应着价值，“交互”则就对应着智能（智慧）。它不但包括事实逻辑性的计算，还涉及价值直觉（非逻辑）性的算计，就像冯·诺依曼把希尔伯特定义的证明论步骤概括那样，“有意义的公式”并不表示为真，1+1=1 同 1+1=2 一样有意义，因为一个公式有意义与否与其中一个为真、另一个为假无关。如此一来，“交互”所产生的智能就不仅仅是一套形式化的数学多重符号系统而已，而且还包含一套意向性的人性异质非符号系统，这两套系统将建立起以否定、相等、蕴涵为基础的知几、趣时、变通智能复杂体系。

简单而言，机器（智能）就是人类特定（理性）智能的加速。再好的机器也与什么样的人使用有关，不同的人与机器结合，所产生的效果是不同的，人机融合可以让机的效能倍增，也可能让机的作用减小，反之也成立。人机融合的主要作用可以解决各种的变化一致性问题（人形而上、机形而下）。机器不应只是成为人身体的一部分，而应是人的好“伙伴”。人机融合不仅仅是拓展了人类的视觉、听觉、触觉、嗅觉、味觉等感觉，还增强了理解、学习、判断、决策、顺应、同化等知觉行为，更重要的是产生出了新的智能形式——一种新的看待世界的方式：认知 + 计算。

智能也许就是解决认知 / 算计供给矛盾、计算由悖到恰的过程。认知中的计算就是人类的理性，这一点是机器与人相通的。如何在计算中实现认知是关键，目前这也是机器和人难以相通的地方。计算中的认知，可以简化成如何让机器产生计算直觉。人是依据直觉产生灵活的理解，再进一步凝练就是计算中的认知了。如果沿着这个路径，就是如何提高机器的多视角理解力，多视界交叉的机器理解力，或许可以作为切入点。过程哲学家怀特海有从创造力角度对理解的论述，认知科学家侯世达也有关于流动概念的研究。概念的可能性本身就是类型—类推—类比的抽象过程，一个概念的意义是多角度、多域的，试图一以贯之，固定的表征是不现实的，横看成岭侧成峰，远近高低各不同，具体问题具体分析抽象是人类智能认知的基本特点。人工智能复杂算法的不可解释性首先就在于知识、概念的动态多变使然。人工智能可以不按照人的方式产生机器智能，但人机融合领域确是人工智能向高级阶段迈进的试金石。DNA 是双螺旋交互结构，智能则是人物（机是人造物）环境系统的多螺旋交互结构。人机融合智能技术既改造人，也改造物和环境，属于主客观并行技术。

“太极”这个道家概念是西方人无法理解的，在西方人的心里，一就是一，二就是二，什么叫作“一而二二而一”？大就是大，小就是小，什么叫作既大又小？一个定义里怎么可能包含两种完全相反的东西？“不二”是佛教用语，也是一个汉语词汇，意思为无彼此之别（出自《佛学大辞典》“一实之理，如如平等，而无彼此之别，谓之不二。”）；“智乃是非之心”是儒家观念，常常与“仁、义、礼、信”结合，强调智能不仅仅是累积性学问，还是交叉性学问。《孙子兵法》具备“权变”的思维，只有这样才能看到本质的规律。不要用表象的东西去否定本质，表象有时是本质的延伸，但更多的时候会“遮掩”本质。在某些情况下，表象并不代表本质，甚至是和本质相反的，如果没有灵活多变的思维习惯，那么就会被错误的角度和因素所束缚，做出错误的决定。这些东方思想与传统的西方理性主义往往相去甚远，例如数学中的非错即对之非二义性，经典物理学中绝对主义，这些理性思想基本上都不涉及相悖性和矛盾性，这与客观实践往往有不少出入。有人认为：数学给不出通用智能，数学本身是通用智能的产物。那么一个人能否不通过交互，生成另一个人呢？一个事物能否不借助外力产生另一个事物呢？一个知识不经过实践会发生变异吗？一个数据不被采集可以出现吗？一个公式是否不经过算计而衍生另外的公式吗？数学在智能中的困窘是：一开始，数学就要求无矛盾性（无歧义二义性）。法国启蒙运动时期的著名哲学家、作家伏尔泰曾经说过："不确定让人不舒服，而确定又是荒谬的。"例如，大嫂、大姐、大妈、夫人，根据不同的场合和任务可以变化地指同一个人，同一个人也可以在不同的情境和环境下可以变化地被赋予各种身份，甚至是迥然不同的，如男扮女装等。在庄子看来，各种事物都存在它自身的两面性，而这相互对立的两面又是相互并存、相互依赖的。所以，"圣人不走划分正误是非的道路而是观察比照事物的本然，也就是顺应事物自身的发展"。以此说明儒家和墨家的是非之辩不仅没能看到事物发展的本质，走错了道路，而且还离本质越来越远。庄子认为彼此两个方面都没有其对立的一面，这就是大道的枢纽，抓住了大道的枢纽也就抓住了事物的要害，从而顺应事物无穷无尽的变化。其实，庄子的这一观点就是老子在《道德经》中阐述的"守中"，在事物的对立中找到关键点，然后谨慎地维护好这个关键点，那么事物自然会沿着规律顺应发展。

当前的人机融合智能就是人把一部分说清楚的智能先放到机器中，然后根据外部任务环境的变化结合自己说不清楚的智能去实施完成目标的过程。未来的人机融合智能还可能加上机器自己产生的智能。人类智能及智慧的关键在于变、通以及通、变，变表征、变目标、变推理、变前提、变决策、变行动，相比之下，机器的变显得比较生硬和模式化，没有把变和通的关系处理好。can 不仅仅是一个伦理问题，更是一个智慧问题，或者说是一个融合了责任和智能的问题。所以说，真正人类智能的弹性体现在“道”和“得”（德）的取舍中，是事实与价值的共同表征和体现，是 being、should、can、want、change 等一多共在的问题。一些智能方法只是通过深度学习神经网络对专家知识库进行集合和收敛，代表已有的先验知识。而无法对新产生的数据和信息进行处理，即无法将后验知识升级为先验，也无法发现隐含知识。所以，它的作用在于集大成，而没有创新能力。这有点像教育，学校的任务是将知识点教授给学生（有点像机器学习一样），但教育不只是教授知识点，教育应该挖掘知识背后的逻辑，或者是更深层次的东西。例如，我们在教计算时，其实要去想计算背后是什么。我们首先是应该培养学生们的数感，再去教他们计算的概念，什么是加、什么是减，然后教怎么应用，进而形成洞察能力。

人机融合的实质就是要处理变与不变的关系，中国人常常称之为“易”中的“变易”和“不易”。人的变与不变是由价值驱动的，机器的变与不变常常是由事实驱动的，尽管机器也会带有造机者的一些观念和习惯，但机器终究还是不能实现变化情境中有意义的选择和决策。例如用户画像，即用户信息标签化，通过收集用户的社会属性、消费习惯、偏好特征等各个维度的数据，进而对用户或者产品特征属性进行刻画，并对这些特征进行分析、统计，挖掘潜在价值信息，从而抽象出用户的信息全貌。如何实现动态的用户画像更重要。

人机融合智能中的深度态势感知终究不是数学意义上的集合问题，原因在于其中的元素是非同构、非同类的，而且会有相同元素（非互异性）产生出现。所以人们可称之为泛集合 / 伪集合问题。现代深度态势感知的研究已从对“态”的研究转移到“势”上，已从简单的“计算”研究转移到复杂的“计算”与“算计”混合研究上，已从客观“事实”研究转移到“价值”研究上，即人机融合态势感知上。就像“鸡蛋从外向内打破是煎蛋，从里面打破飞出来的是生命”这句话体现出的那样：从一个客观对象延伸到主观事物。一个智能系统的扩张是客观世界的需求和内在逻辑双重引导下的产物，正如事实好编码（空间时间编码），价值却很难编码。信息就是有价值的数据，是一种人物环境系统交互的产物。态势感知 SA 中态、势、感、知四个循环如何产生共振共鸣将是 OODA 环最优化的关键。其中态与感属于外循环，势与知属于内循环，这两大循环的相互促进十分重要，外循环要“看得准、听得清”，内循环就是“拎得清，判得准”。传统的拓扑学主要研究在连续变形下关于几何形状的不变性质。而认知的拓扑则是研究在连续变化态势下关于感知的不变性质，既包括事实类（时间、空间两个维度），又包括价值类（情感、意向、责任三个维度）。

目前，智能领域的瓶颈还是人机融合智能中的深度态势感知问题，例如未来的战争不仅是智能化战争，更是智慧化战争，未来的战争不但要打破形式化的数学计算，还要打破传统思维的逻辑算计，是一种结合人机环境系统优势互补的新型计算——算计系统。智慧化战争是基于人 + 物 + 环境互联网络数据信息知识系统，人使用智能化武器装备及相应作战方法，在陆、海、空、天、电、网及认知、社会领域进行的一体化战争。通俗讲，是以人机环境系统融合智能认知技术手段为支撑的战争。智能认知是指在数据、信息、知识输入不充分或充满相斥干扰条件下的感觉、分析、判断、决策综合优化过程。它涉及输入、处理、输出、反馈等过程，智能感知只是智能认知的输入阶段。狭义的智能认知是指机器的输入、处理、输出、反馈等过程，是一种没有指涉对象的形式化符号（如数学）系统，这也是机器智能之所以不可理解、不能终身学习、难以形成常识的根本原因；广义的智能认知是指人机环境系统的输入、处理、输出、反馈等过程，是一种能够把指涉对象的符号系统（如人的自然语言等）、无指涉对象的机器形式化符号（如数学）系统与任务环境改变有机结合的系统，这也是广义智能认知（人机融合智能）之所以可理解、有意识、易跨域、富弹性、擅变化、超人智的根源。

智能认知相关理论发展主要经历三个阶段：第一阶段以博弈运筹学、控制论、信息论、系统论等相关理论为基础，主要目标是实现辅助计算；第二阶段是以专家系统、智能优化等相关理论为基础，主要目标是实现辅助决策，降低人的生理、心理负荷；第三阶段是以机器学习（包括深度学习、强化学习、迁移学习等）、数据挖掘、知识图谱、类脑计算等人工智能领域的理论成果为基础，主要目标是实现决策的自主化和智能化。由于博弈对抗的特殊性，传统意义上的智能认知将逐渐转移到人机融合的智能认知阶段，以达到隐真示假、去伪存真等洞察目的，具体体现在两大类七维度的人机深度态势感知上，即事实类（包括空间三维 + 时间一维）+ 价值类（意

识一维 + 情感一维 + 责任一维)，在“快”和“准”的基础上，实现“好”(英语称之为 right)。

认知的最高境界是超越感觉，不只是它给你，而是你给它，就像听好的音乐、欣赏好的摄影作品或指控一场酣畅淋漓的博弈对抗一样，相互之间的变化、赋予、激发、唤醒是实时的，而绝不是像程序员依据规则、条例、条件、前提预估、制定、编程、绘制出来的那样，虽然整个过程中肯定有固定程序化的部分，但那也是变化中的不变，如何处理这些变与不变，是人机融合智能认知研究的主要内容和任务。其中递归关系很重要，它就是实体自己和自己建立关系，也就是在运行的过程中调用自己。机器的递归是制式的，人的递归是非制式的，弹性较大，可以正话反说、指桑骂槐、半真半假。

认知的维度可用态、势、感、知四维度表征，态包括时空数，势涉及变化率，感关于主动性(期望、努力)，知特指价值量。在数理上同一性质既属于又不属于同一个东西，这是不可能的……这是一切原理中最确定无疑的……因此，那些做论证的人把这当成一条最终的意见。因为它依其本性就是其他一切公理的来源，实际上，人看待事物既可以是也可以非，机不然，所以人机融合才有必要。世界上存在无事物属性的联系，也存在无联系的事物属性，存在有事实的价值，也存在无事实的价值……所以深度态势感知 DSA 要研究状态的变形、趋势的变异、感觉的变化、知觉的变易。

哲学关注问题的提出，数学更关注问题的解决。深度态势感知之所以难计算，可能与布尔代数的排中律不符，态与时空有关，势与时空关系不大，感与事实有关，而知与价值联系较密切。实际上，在生活常识中，很多东西可以同时属于又不属于某个类，例如一个人可以同时属于又不属于父母，作为孩子属于父母，作为丈夫或妻子又不属于父母，一个茶杯可以同时属于工具又不属于工具，作为喝茶可以属于工具，作为艺术品又不属于工具。联系态、势和感、知的桥梁既包含时空变化，也涉及事实价值之间的等价、蕴涵与转化。

连接态、势的是变化，连接感、知的也是变化，既有简单变量，又有复合变量，还有系统变量及其三者融合的人机变量，既包括实态虚势 + 虚态实势的复态势又涉及实感虚知 + 虚态实知的复感知，更有实 / 虚态势 + 虚 / 实感知形成的复态势感知。艺术的本质是个性化的，智能的本质也是个性化的，在这点上，两者是相通的。不同的是，智能除了个性化还有共性规律，这种共性为数学提供了基于约定公理的逻辑舞台。人工智能难理解性的根本原因在于数学是没有指涉对象的符号系统，而理解性是人类自然语言这种具有指涉对象符号系统所特有的性质。符号与对象及其性质之间不是一一映射关系，实现不了表征的一多实时性，符号主义就不可能进步；解决不了动态的表征和非公理逻辑问题，AI 可信可解释性将很难根本解决。很多有关自动化 / 智能化系统就是几个关键参数的综合平衡调整，而且常常是按下葫芦起来瓢，不过许多人却睁着眼睛只谈葫芦不谈瓢。智能化的关键还是如何把不确定的不可控的因素转化为确定性的、可控性的因素。

人机融合智能是人机并行，人中有机、机中有人；人机混合则是人机串行，人停机动、机停人动。辅助决策或辅助驾驶严格意义上而言都是人机融合，人机双方同时都在工作，即双方良好的协同在于一致性的随时备份状态，若一方跟不上对方的节奏，可能就会出现冷启动长延时的高事故风险；打字或称重基本上就是人机混合，人机串行而动。图灵认为：计算者任一时刻的行为都由彼时他观察到的符号和彼时他的“思维状态”决定。现在有人提人机交互、人机混合、人机融合的区别，深入下去，也许能够对计算、感知、认知、洞察机制机理会有更多更新的认识。

新闻需要联系起来看，记得最清楚的是阮次山先生说的一句话：“看似不相关的事，实则是有内在联系的。”智能和反智能也是如此。图灵机本质是有限自动机，而人则是无限选择机，当前人机融合智能应该就是有限自动机与无限选择机的有效协同。若函数是反映状态之间的关系，那么趋势则是成员为函数的矩阵，即关系的关系；若监督学习就是态的学习，无监督学习则就是势的学习，通过势态来感知态势。人机融合智能中的深度态势感知 DSA 也许就是突破口。

司马迁说：“世有非常之人，而后有非常之事。”钱学森先生“以人为主、人机结合，从定性到定量（再回到定性）”的综合集成研讨厅体系——专家体系、机器体系和知识体系，很可能就是解决开放的复杂的巨系统问题的金钥匙。

在人工智能的发展过程中，不少研究者们是遵循两种方式来实现人工智能的，即功能路线与结构路线的区别。殊不知，智能的“结构”和“功能”都包括事实性和价值性的两个部分。一般仿真出来的都是相对客观的事实性“结构”和“功能”，对于主观价值性的“结构”和“功能”依然无能为力。类脑应该是事实性功能仿真，相距价值性的“结构”和“功能”还比较遥远。正如尽管事实性的布尔代数已经被广泛应用，但对价值性布尔代数的探索则还远未开始一样。

许多学者把客观对象分为“结构”“功能”两个层次来讨论，认为“结构是功能的基础，没有结构便无法实现功能，但功能也是结构的表现，每一种功能都是特定的结构起到了效果。”这种分法固然有便于分析的好处，但也割裂了“结构”“功能”之间的有机连接（例如类脑是既有结构又有功能的类比仿真隐喻，分开而言犹如割裂阴阳鱼而谈《易经》一样，再如分别谈“交”“互”一般），尤其是对异构、异能的关联而言，好的算计要比好的计算更靠谱一些，能够及时有效地处理多种意外才是关键。进而言之，表面上，没有泛化、抽象、辩证的能力是当前智能的痛点，实际上，如何有效地处理各种矛盾也许才是智能的主要问题。

智能的结构与功能最大的特点就是一个性（个体智能）是一，共性（群体智能）是多，有时相反。在数据不全、信息缺乏、知识不足情境下，人仍然能够进行稀疏状态的补偿、不明趋势的预测分析、残缺完形（填空）的感觉、相关杂乱无关的知觉，进行着人机环境系统中一多分有的深度态势感知。

智能不是由一系列孤立的学科构成的，传统的智能分类实际上不符合这门学科的深刻性质（就像数学学科分类中，算术是研究数的科学，几何是研究空间对象的，代数是研究方程的，分析是研究函数的那样）。真正要紧的不是所研究对象的性质，而是它们相互的关系以及关系之间的关系。

群体智能是最常见但不同于个体智能的智能形式，其中囊括了符号、连接、行为主义等智能分类的方方面面，不过其蕴涵的事实性符号 / 连接 / 行为比重会相对下降，价值性符号 / 连接 / 行为比重会相对上升。所有的智能都可分为事实性与价值性智能形式，人工智能只是事实性智能的一部分，而价值性智能则就是智慧。

钱学森先生的系统工程思想是东方思想和西方科技有益融合的一次尝试，从孙悟空的火眼金睛（信息量与分辨率的矛盾）到福尔摩斯的神机妙算（事实与价值的矛盾），从好看、可用到能用、用好，他把道与理、名与哲、人与机、态与势、感与知、环与境有机地整合在一起，高瞻远瞩，洞悉至微，可圈可赞，是未来社会文明的发展方向，在其中，智能，这一复杂领域将起到引领作用，但需要注意的是，这里的智能不是人工智能和机器学习，而是人机（环境）融合智能，所以钱先生的系统工程思想也可简称为：人机环境系统（交互）工程思想体系。

当前，在众多 AI 辅助决策系统中更多的是妨碍，由于人、机处在不同惯性 / 坐标系的态、势、感、知之中，机很难跟上人思维的跳跃、穿越和变速。那么，在不同惯性系里的态、势、感、知是怎样变化的呢？例如在一个元帅和士兵、机器视野中的事实与价值中计算机有限的理性逻辑和尴尬的跨域能力是人机融合智能的短板，机器无法理解相等关系，尤其是不同事实中的价值相等关系，而人却可以用不正规、不正确的方法和手段（或打着名正言顺的旗帜）实现正规、正确的目的，人还可以用普通的方法处理复杂的问题，还可以用复杂的方法解答简单的问题。

未来交互所产生出的智能系统，将不仅可以改变各种参数，而且还应会改变各种规则……无论怎样，一个只反映事实的智能只能是 AI，既能反映事实也能反映价值的才是真正的智能。

二、一个人机融合智能卡脖子的问题

英国著名科学哲学家菲利普·基切尔提出了一种“良序”科学的概念，来规范什么是好的科学。一个良序的科学应当包括各种观点的代表的协商，科学家、决策者、普通群众等，他们的对话应该贯彻科学产生的所有过程。科技研究的资源分配、研究方法、理论成果转化为应用的过程，涉及所有人的利益，因而也应该需要所有人的声音。

人机融合智能从根本上说，就是人类智慧与机器智能（AI）根据外部环境的变化有效联动的过程，其根本问题也是“良序”的问题，只不过这个“良序”既包括事实性交互序列，也包括价值性交互序列，既包括事实性因果序列（如 Pearl 的因果关系），也包括价值性因果序列（如宗教的因果关系）。人机共同完成一个任务甲，可以看成一个由若干子任务（a、b、c、d…）构成的序列，这些子任务的要求都是根据外部环境的变化而变化的，既有构成要素、属性的变化，也有本身、相互之间关系的变化。简单地说，既有客观事实性变化，也有主观价值性变化，如何高效地组织好这些主客观子任务序列呢？或者说，如何更快、更好、更巧地形成良序呢？

人机融合，分工序列明确很重要，例如人把握方向序列，机器处理过程序列。还可以再追问一下：这些方向序列还可以分为哪些方向序列是人可以把握的，哪些方向序列是人不好把握的，哪些过程序列是机器能够处理的；哪些过程序列是机器也不容易处理的。

认识分感性认识（包括感觉、知觉、表象）和理性认识（包括概念、判断、推理），思维是指以感性认识为基础的理性认识，是感性认识的概括和升华。表象是头脑中再现的某一类事物的形象，表象是感性认识向理性认识转化的桥梁，概念是思维的细胞和主要形式。仁，人心也。义，人路也。道，自然法则。德，而然获得。

面向深度态势感知的人机协同就是把群体 + 个体中感性与理性、表象与概念、仁义道德有机结合形成良序的过程，是（多）人（多）机（多）环境的系统工程，计算的算法是其中可程序化的一部分，算计的算法是其中可描述的一部分，除此之外，还有直觉顿悟、半真半假、半信半疑、半推半就等主客观融合的不可描述的随动部分，如何实现这些复杂系统的良序整合，或许已超出现有数学、科学的范畴。

有人认为，在中国近代，科学技术都是作为一种“先进”“文明”角色出现，给中国人带来了“科学是好的”的观念，一直影响至今。我们潜意识里认为：科学 = 正确。我们理解的“科学”总是带有某种正面价值。当我们说“这不科学”时，表达的意思是“这是不对的”。实际上，科学同样具有负面的效应，氟利昂、DDT 等科学技术都带来了负面的效应。那么科学技术到底是什么呢？ 同样，AI、互联网、原子弹到底是什么呢？也许它们应该是一柄悬在人类头顶上的达摩克利斯之双刃剑吧。

AI 常常有“序”无“良”，或者是有“序”后再思“良”，较少先“良”后“序”。人机融合的目的就是要保证先“良”后“序”的结构和功能。

正如菜刀可以切菜也可以杀人一样，事实与价值并存的“良”“序”问题依然是 AI 的两难伦理问题，人机融合就是让 AI 从“良”有“序”。

三、为什么AI总是很难落地

为什么 AI 总是很难落地？为什么人工智能常常被人诟病？有人说这是由于科幻电影、科幻小说、电子游戏、新闻媒体等造成的，这个观点有一定的合理成分，但还有一个更重要的事实为大家所忽略，那就是本应为“人机环境系统融合智能”，常常被误认为是“人工智能（甚至是一些算法）”所致。

无论是军口还是民口，无论是自动化产品还是智能系统，大凡接地气，并为众人所接受的东西，仔细想想，无不是在安全、高效、舒适方面做得比较好些。而要具备这些优点，其人、机、环境系统大都比较和谐一致，至少不是简单的 AI+ 某某领域或者是某某领域 + 智能算法。

智能的本质不是在数据、算法、算力和知识中，强调生成数据、算法、算力和知识的机理才是活生生的智能之源，以此类推，现有的人工智能教育体系培养出的“人才”可能还是没有“魂魄”的“机器人”，究其因，还是干巴巴的“算法”所致，有算无法，有术无道，有感无知，有理无情，有态无势，有芝无瓜，有（类）脑无心，有形无意，有眼无珠……只能在可能性的圈圈里打转转，而不能尝试探索不可能的世界，即使有些探索，也还只是在家族相似性的河床上蹦蹦跳跳，而对真实的非家族相似性还远远无能为力。

除了人机环境系统交互之外，第二个方面就是对深度态势感知的理解和消化，例如，在很多情境下只知道时空之间的配准、校正，不明白态、势、感、知之间的配准与校正；只知道非协同距离的失真解算，却忘了协同距离的模糊展开；只知道变频、变量，不思考变态、变势、变感、变知、变通；只知道数据链、信息链，不琢磨事实链和价值链，甚至是态链、势链、感链、知链的纠缠叠加所形成的人机环境系统链；只知道同质、均匀、顺序的态势感知单一调制，而忽略了更重要的异质、非均匀、随机态势感知多级阵列，以及先感后知的快速机动性和先知后感的准确灵活性，还有态、势、感、知之间的自相关、互相关的转化概率；只知道人模机样，不晓得机模人样；只知道仿真验证结构，不重视实战得到功能。

一些事情发生了，我们不时会自觉或不自觉地与身边的刚刚发生或印象比较深的事物关联在一起，建立自己个性化的“因果关系”态势谱（不仅是图谱），的确有关的被称为客观事实性关联，似是而非地称之为可能性关联，风马牛不相及的被称为主观意向性关联……这些生活中的常常发生的关联都是智能认知的组成部分，能够程序化的客观事实性关联部分也往往被称为 AI，可能性关联和主观意向性关联却被过滤掉了，而这两者却是个性化智能之所以弹性的重要组成成分。

总之，本是人机环境复杂系统的问题却想用 AI 算法简化处理；只知道态势感知，不明白深度态势感知；忽略风马牛之间的虫洞联系。这三个问题也可能是造成 AI 总是很难落地的诱因。

四、智能（包括AI）的副作用

凡事有好就有弊，手机不例外，智能也不例外。在人机环境系统动态交互（产生智能）时，由于时间、空间、对象、属性、关系、条件、规则、情绪、状态、趋势、感知等的变化，智能中的方式、方法、方案、手段、工具都会做适当的调整和重新组合，正可谓：时变法亦变。智能需要解决的常常是面对的真实问题，例如安全威胁、高效处理、准确预测等。智能包含着过去的经验和数据，但不会仅仅依赖这些过去，它还包含着未来对此时的影响，例如期望的反馈。一般而言，不能随机应变的智能应该不是真智能。

对生理疾病而言，对症下药是常识；对智能而言，也没有医治百病的万能智能。所有的智能和认知都有范围，包治百病的是假药，万能的智能就是假智能。即使是真智能，也有副作用，例如聪明反被聪明误，所以真实的智能也是有缺点的，但这些缺点与自动化的缺点不同，一活一死，智能缺点最大的特点是可以被自主适时修补、完善。而自动化的缺点却不能够如此，多少有点覆水难收的味道。

人机环境之间的不断交互变化，决定了世界上没有一样的识别任务模式，“橘生于南则为橘，橘生于北则为枳”的例子在智能领域也不少见，机器的智能可以辅助人的学习、推理、决策，同样也可以干扰人的推理和判断，“好心”办坏事，不但存在于人人之间，还会出现在人机之间，例如 AI 助手的主动性接管问题等。再者，由于复杂问题的千丝万缕，不可解释、不好解释、不应解释、不便解释的事物比比皆是，人心难测，何况机芯，用一些根据情境不同设计出来的算法计算结果试图实时影响、校验、纠正、改变人的直觉、思考结果，如果是小打小闹也就罢了，对那些决定人类命运的大事件宏命令，万一有个三长两短和闪失，哪个敢负这个责任？

人机交互、人机混合、人机融合智能等中 AI 可以帮助人，也可以阻碍人，还可以毁掉人，做这些工作或申请项目时，不要光看 AI 好的一面，还希望评审者、管理者也能客观地看到其不好的一面，在不少情境任务下，不好的概率可能更高一些。

如果有着明确清晰的标准答案，那就不应该叫作智能。**智能（包括 AI）是晃动中的灯，有光明，也有阴影，小心！**

五、给人类飞行员的一点建议

2020 年 8 月下旬，DARPA 的无人机大战有人机——“狗斗”测试刚刚结束，热闹过后，从测试后的回顾来看，AI 获胜的关键在于极强的攻击性和射击的准确性，但问题主要在于判断存在失误。据美军测试人员的说法，测试中的 AI 系统经常在基本的战斗机机动中犯错误，AI 不止一次地将飞机转向到其认为人类对手飞机会去的方向，但多次都被证明错判了人类飞行员的想法。这也不难理解，人类飞行员判断对手意图都经常出错，更何况 AI 系统缺的就是对创造性战术的理解能力，出现这类失误并不奇怪。然而，由于其“卓越的瞄准能力”和追踪对手飞机的能力，AI 在整体上仍然能够保持对人类飞行员的优势，计算机系统最终在整个对抗中占据上风。

简而言之,无人机 AI 在“态”的精度和“感”的速度上占得先机，但在“势”的判断和“知”的预测上还不具备优势。建议以后的有人机飞行员多在假动作(就像乔丹、科比、詹姆斯那样)、打破规则(如同孙子、诸葛亮一般)方面上狠下工夫。没有了规则，所有的算法和（数学）模型就会失去了边界、条件和约束，所有的计算就不再精确和可靠，当概率公式从算计变成了算命，机器的优势也许就不如人了。

人是价值性决策——论大是大非而不仅仅是计算得失；机器是事实性决策——论得失加减，而不是是非曲直。态、势之间与感、知之间的都是量和质的关系，其中的“势”即一定时期内的最大可能性。凡是在“势”中的,没有不是先已在“态”中的；凡是在“知”中的，没有不是先已在“感”中的。正可谓：星星之火，可以燎原。如果目标明确，在与控制单元和装备组成的大系统博弈，对手应是或只能是相应的系统，不是操作装备的人，或者说是设计、操控系统的人。这方面，人们有很大的弱项。关键是开发环境下长中短期目标的动态变化会造成目标的不明确乃至模糊。

现在的人工智能就像高铁一样，速度很快，但是需要轨道，而真正的智能应该像飞机那样，只要能到达目的地，不需要特定的轨道和航线。态势感知的误差分为态、势、感、知方面的误差，也可

分为事实性 / 价值性误差。人工智能在武器上的应用主要体现在机器对机器的任务布置和武器的实时重新瞄准上，这种对典型“服务提供者”的效果优先级排序将在战术层面执行，取决于智能化机器能否消化和分析来自整个战场的数据。事实上，人机功能分配中事实性与价值性的数据、信息、知识、责任、意向、情感混合 / 融合排序展开进行才是未来的有人 - 无人对抗之焦点和难点。

人最可怕的不是没有思想，而是满脑子标准答案；机最可怕的是有“思想”，而且能够做到“先输后赢”；人机融合最怕的是被误认为是人工智能。

第4章

人工智能迈不过去的三道坎

随着人工智能的快速发展，许多学科正在慢慢交叉融合起来。经历了三次起伏的人工智能，它的缺陷和局限性正在显露出来。

一、可解释性：人工智能过不去的第一道坎

如今，人工智能的可解释性正在成为一道过不去的坎，2019 年，欧盟出台《人工智能道德准则》，明确提出人工智能的发展方向应该是“可信赖的”，包含安全、隐私和透明、可解释等方面。

人工智能应用以输出决策判断为目标。可解释性是指人类能够理解决策原因的程度。人工智能模型的可解释性越高，人们就越容易理解为什么做出某些决定或预测。模型可解释性指对模型内部机制的理解以及对模型结果的理解。其重要性体现在：建模阶段，辅助开发人员理解模型，进行模型的对比选择，必要时优化调整模型；在投入运行阶段，向决策方解释模型的内部机制，对模型结果进

行解释。例如决策推荐模型，需要解释：为何为这个用户推荐某个方案。

目前，各领域对人工智能的理解与界定因领域分属而有不同，但在共性技术和基础研究方面存在共识。第一阶段人工智能旨在实现问题求解，通过机器定理证明、专家系统等开展逻辑推理；第二阶段实现环境交互，从运行的环境中获取信息并对环境施加影响；第三阶段迈向认知和思维能力，通过数据挖掘系统和各类算法发现新的知识。

严格意义上说，美国的人工智能技术总体上世界领先，但是一旦涉及人机融合智能，往往就体现不出那么大的优势了，甚至不见得有领先的态势（也许中国和美国在人机融合智能方面根本不存在代差）。究其原因，人的问题。例如这次疫情，按医疗软件、硬件、医疗人员水平条件来看，美国应要好得多，可惜应了《三体》里的一句话：弱小和无知不是生存的障碍，傲慢才是。领导人的失误和错误已让许多的先进性大打折扣，甚至荡然无存。这不禁使人联想到前几日美国《军备控制杂志》的报道可能也类似。美国国防部2021财年申请289亿美元用于美国核武器设施的现代化建设，体现了特朗普政府战略发展重点：提升核指挥、控制和通信（NC3）基础设施的高度自动化，提高其速度和准确性，但同时也引发一个令人不安的问题，即在未来的核战争中，人工智能自主系统在决定人类命运方面将扮演哪种角色？当前计算机辅助决策仍处于起步阶段，容易出现难以预料的故障。机器学习算法虽擅长面部识别等特定任务，但也会出现通过训练数据传达的内在“偏见”。因此，在将人工智能应用于核武器指控方面需采取谨慎负责的态度，只要核武器存在，人类（而不是机器）就必须对核武器的使用行使最终控制权，此时，人机融合智能的真实能力将会如疫情管控一样显得异常重要。

人机融合智能，根本上就是科学技术与人文艺术、数学符号事实语言与自然经验价值语言结合的代表。时空不但在物理领域可以发生弯曲，而且还可以在智能中发生了扭曲。如果说哲学逻辑经历了世界的本源问题、研究方法问题的转向，那么 20 世纪分析哲学——对人类语言工具的剖析成了人类思想上的一次“革命”，这一场以维特根斯坦为象征的哲学革命，直接诱发了以图灵机、图灵测试为代表的人工智能科技之快速发展。但金观涛老师的“真实性哲学”认为，在 21 世纪中分析哲学最终反倒将哲学束缚在了牢笼中，实际上也造成了思想的禁锢：符号不指涉经验对象时亦可以有其自身的真实性，而且这一结论对数学语言和自然语言皆可成立。与此同时，纯符号的真实性是可以嵌入到经验真实性中的；科学研究与人文研究可以成为有所统一但互不重叠且有各自真实性标准的两个领域。人类的巨大进步是让真实性本能（常识的客观性）处于终极关怀和相应价值的系统的支配之下。但是今天真实性的两大柱石正在被科学进步颠覆，真正令人感到恐怖的事情发生了：人正在无法抗拒地沦为聪明的“动物”——在一个真假不分的世界里，不会有是非，也不会有真正的道德感和生命的尊严。

人不仅是用符号的等同或包含逻辑关系来表达世界的，人的教育不等于学习与知识，而是把欲望诱导到好的方向。计算机本身是不可能跨越“理解”这个鸿沟的，只有人才可以跨越符号指向的困窘。对主体而言，符号与经验是混杂的，逻辑与非逻辑是混杂的，公理与非公理混杂在一起，数据、信息、知识混杂在一起，这也是为什么可解释性之所以困难的主要原因。人机融合就是符号（数学）如何不同程度地嵌入主体经验（受控实验）之中，正如老子在《道德经》中说的：“道生一，一生二，二生三，三生万物。”

所谓的人工智能，很大程度上不过是运用了计算机不断增强的计算能力，而采用这条路径注定是错误的，人是活学活用，机是死学僵用。人类智能就是对小样本态势感知的能力大小。态势感知的一个著名例子就是中医中的望、闻、问、切，通过自然语言和数学语言之间的差别来打破心智与物理之间的分歧，进而把事实与价值统一起来。

态势感知最早应源于《难经》第六十一难，曰：经言，望而知之谓之神，闻而知之谓之圣，问而知之谓之工，切脉而知之谓之巧。何谓也？最早使用四字联称，则应处于《古今医统》：“望闻问切四字，诚为医之纲领。”望是观察病人的发育情况、面色、舌苔、表情等；闻是听病人的说话声音、咳嗽、喘息，并且嗅出病人的口臭、体臭等气味；问是询问病人自己所感到的症状，以前所患过的病等；切是用手诊脉或按腹部有没有痞块：叫作四诊。

人工智能可解释性之所以困难，其根本原因在于其包含的不仅仅是数学语言，还有自然语言，甚至是思维语言（所以根本不可能迈过这道坎）。人机融合智能不但可以进行主体的悬置，还可以游刃有余地进行主体变换，在人、机、环境系统交互中真正实时、适时地实现深度态势感知，有机地完成数学语言、自然语言、思维语言之间的能指、所指、意指切换，可以轻松地直奔目的和意图实现。

二、学习：人工智能过不去的第二道坎

人的学习学的不是知识，而是获取数据、信息、知识经验的方法；机器的学习学的是数据、信息和知识。

不同的物质系统之间存在着相似性；同一物质系统的每个子系统与其整体系统之间也有相似性；具有不同运动形式和不同性质的物质系统，却遵守着相似的物理规律，这些事实都说明：相似性是自然界的一个基本特性。例如质量—弹簧—阻尼构成的机械系统与电阻—电感—电容构成的电路系统是相似系统，反映了物理现象之间的相似关系（一般而言，相似关系可以用来化简复杂系统进行研究）。机器比较容易学习、迁移这种同质性、线性的相似系统，却很难实现异质性、非线性相似系统的类比、转换。但是人的学习却可以在对称与非对称、同质与非同质、线性与非线性、同源与非同

源、同构与非同构、同理与非同理、同情与非同情、周期与非周期、拓扑与非拓扑、家族与非家族之间任意自由驰骋、漫步。

机器的学习离不开时间、空间和符号，而人的学习则是随着价值、事实、情感变化而变化的系统；机器的学习遵循、按照、依赖已有的规则，而人的学习则是如何修改旧规则、打破常规则、建立新规则。例如，真正优秀的领导人和指挥员在于如何打破规则——改革，而不是按部就班地迈着四方步稳稳当当地走向没落和腐朽，更不是眼睁睁看着疫情泛滥，双眼却盯着竞选和乌纱帽。

2017 年 3 月 16 日，美国国防高级研究计划局（DARPA）计划启动“终身学习机器”（Lifelong Learning Machines，L2M）项目，旨在发展下一代机器学习技术，并以其为基础推动第三次 AI 技术浪潮。DARPA 认为 AI 技术的发展已历经第一次和第二次浪潮，即将迎来第三次浪潮。第一次 AI 技术浪潮以“规则知识”为特征，典型范例如 Windows 操作系统、智能手机应用程序、交通信号灯使用的程序等。第二次 AI 技术浪潮以“统计学习”为特征，典型范例如人工神经网络系统，并在无人驾驶汽车等领域取得进展。虽然上述 AI 技术对明确的问题有较强的推理和判断能力，但不具备学习能力，处理不确定问题的能力也较弱。第三次 AI 技术浪潮将以“适应环境”为特征，AI 能够理解环境并发现逻辑规则，从而进行自我训练并建立自身的决策流程。由此可知，AI 的持续自主学习能力将是第三次 AI 技术浪潮的核心动力，L2M 项目的目标恰与第三次 AI 浪潮“适应环境”的特征相契合。通过研发新一代机器学习技术，使其具备能够从环境中不断学习并总结出一般性知识的能力，L2M 项目将为第三次 AI 技术浪潮打下坚实的技术基础。目前，L2M 包含 30 个性能团体的庞大基础，通过不同期限和规模的拨款、合同开展工作。

2019 年 3 月，DARPA 合作伙伴南加州大学 (USC) 的研究人员发表了有关探索仿生人工智能算法的成果：L2M 研究员兼 USC 维特比工程学院的生物医学工程和生物运动学教授 Francisco J. Valero-Cuevas 与该学院博士生 Ali Marjaninejad、Dario Urbina-Melendez 和 Brian Cohn 一起，在《自然 - 机器智能》(*Nature Machine Intelligence*) 杂志上发表了一篇文章，文中详细介绍了人工智能控制的机器人肢体的成功研发。该肢体由类似动物的肌腱驱动，能够自学行走任务，甚至能自动从平衡失调中恢复。

推动 USC 研究人员开发这一机器人肢体的是一种仿生算法，只需五分钟的“非结构化游戏”(Unstructured Play)，就能自主学习行走任务；也就是说，进行随机运动，使机器人能够学习自己的结构和周围的环境。

当前的机器学习方法依赖于对系统进行预编程来处理所有可能的场景，复杂、工作量大且低效。相比之下，USC 研究人员揭示，人工智能系统有可能从相关的经验中学习，因为随着时间的推移，它们致力于寻找和适应解决方案，以应对挑战。

实际上，对于众多无限的学习而言，人是很难实现终身的，总有一些能学习到，还有许多另一些也一知半解，甚至一无所知的更多，对于没有“常识”和“类比”机理的机器而言，终身学习也许就是一个口号。首先需要理清楚的应该是：哪些能学？哪些不能学？

人类的学习是全方位的学习，不同角度的学习，一个事物可以变成多个事物，一个关系可以变成多个关系，一个事实不但可以变成多个事实，甚至还可以变成多个价值，更有趣的是，有时，人的学习还可以把多个不同的事物变成一类事物，多个不同的关系可以变成一个关系，多个事实可以变成一个事实，甚至还可以变成一个价值。而机器学习本质上是人（一个或某些人）的认知显性化，严格意义上，是一种“自以为是”，即人们常常只能认出自己习惯或熟悉的事物，所以，这个或这群人的局限和狭隘也就在不自觉中融进了模型和程序中，因而，这种一多变换机制往往一开始就是先天不足。当然，机器学习也并不是一无是处，虽然做智能不行，但用来做计算机或自动化方向的应用应该还是不错的。

如果说，学习的实质就是分类，那么人的学习就是获得并创造分类的方法，而机器学习只是简单地被使用了一些分类的方法而已。DARPA 的“终身学习机器”项目本质上也许就是一个美丽的泡泡，吹一下就会忽高忽低地飘浮在空中，尽管阳光照耀之下也会五彩斑斓，但终究会破灭的。

三、常识： 人工智能过不去的第三道坎

正如所有的药一样，所有的知识都是有范围和前提的，失去了这些，知识的副作用就会涌现出来。知识只是常识的素材和原材料，机器只有“知”而没有“识”，不能知行合一。知识不应依附于思想，而应同它合二为一；知识如果不能改变思想，使之变得完善，那就最好把它抛弃。拥有知识，却毫无本事，不知如何使用还不如什么都没有学——那样的知识是一把危险的剑，会给它的主人带来麻烦和伤害。其中，限制知识这些副作用发作的最有效途径之一便是常识的形成，一般而言，常识往往是碎片化的，而态势感知就是通过对这些零零碎碎常识状态、趋势的感觉、知觉形成某种非常识的认识和洞察。另外，常识是人类感知和理解世界的一种基本能力。典型的 AI 系统缺乏对物理世界运行的一般理解（如直观物理学）、对人类动机和行为的基本理解（如直觉心理学）、像成年人一样对普遍事物的认知。

DARPA 正在继续开发第二代人工智能技术及其军事应用的同时，积极布局第三代人工智能发展，2018—2020 财年，通过新设项目和延续项目，致力于第三代人工智能基础研究，旨在通过机器学习和推理、自然语言理解、建模仿真、人机融合等方面的研究，突破人工智能基础理论及核心技术。相关项目包括“机器常识”“终身学习机”“可解释的人工智能”“可靠自主性”“不同来源主动诠释”“自动知识提取”“确保 AI 抗欺骗可靠性”“加速人工智能”“基础人工智能科学”“机器通用感知”“利用更少数据学习”“以

知识为导向的人工智能推理模式”“高级建模仿真工具”“复杂混合系统”“人机交流”“人机共生”等。除此之外，DARPA 近期发布的人工智能基础研究项目广泛机构公告还包括“开放世界奇异性的人工智能与学习科学”“人机协作社会智能团队”“实时机器学习”等。

如果学问不能教会我们如何思想和行动，那真是莫大的遗憾。因为学问不是用来使没有思想的人有思想，使看不见的人看得见。学问的职责不是为瞎子提供视力，而是训练和矫正视力，但视力本身必须是健康的，可以被训练的。学问是良药，但任何良药都可能变质，保持时间的长短也要看药瓶的质量。

Vladimir Voevodsky 的主要成就是：发展了新的代数簇上同调理论，从而为深刻理论数论与代数几何提供了新的观点。他的工作的特点是：能简易灵活地处理高度抽象的概念，并将这些要领用于解决相当具体的数学问题。上同调概念最初来源于拓扑学，而拓扑学可以粗略地说成是“形状的科学”，其中研究沃沃形状的例子如球面、环面以及它们的高维类似物。拓扑学研究这些对象在连续变形（不允许撕裂）下保持不变的基本性质。通俗地说，上同调论提供了一种方法将拓扑对象分割成一些比较容易研究的片，上同调群则包含了如何将这些基本片装配成原来对象的信息。代数几何中研究的主要对象是代数簇，它们是多项式方程的公共解集。代数簇可以用诸如曲线或曲面之类的几何对象来表示，但它们比那些可变形的拓扑对象更具“刚性”。

DARPA 战略技术办公室（STO）2017 年提出的“马赛克战”概念认为未来战场是一个由低成本、低复杂系统组成的拼接图，这些系统以多种方式连接在一起，可创建适合任何场景的理想交织效果。这个概念的一部分是“以新的令人惊讶的方式组合当前已有的武器”，重点是有人 / 无人编组、分解的能力，以及允许指挥官根据战场情形无缝召唤海陆空能力，而不管是哪支部队在提供作战能力。

简单地说，上面介绍的“马赛克战”和“机器常识”，都是对抗博弈人机环境系统的新型拓扑系统，如同沃沃斯基创立的“主上同调”（Motivic Cohomology）理论。其中，真正厉害的不是那些基本的知识、条例和规则，而是应用这些基本的知识、条例和规则的在实践中获得普遍成功能力的人。

四、智能的第一原理

休谟认为：“一切科学都与人性有关，对人性的研究应是一切科学的基础。”任何科学都或多或少与人性有些关系，无论学科看似与人性相隔多远，它们最终都会以某种途径再次回归到人性中。科学尚且如此，包含科学的复杂体系也不例外，其中真实的智能有双重含义：一个是事实形式上的含义，即通常说的理性行动和决策的逻辑，在资源稀缺的情况下，如何理性选择，使效用最大化；另一个是价值实质性含义，既不以理性的决策为前提，也不以稀缺条件为前提，仅指人类如何从其社会和自然环境中谋划，这个过程并不一定与效用最大化相关，更大程度上属于感性范畴。理性的力量之所以有限，是因为真实世界中，人的行为不仅受理性的影响，也有“非理性”的一面。人工智能“合乎伦理设计的”很可能是黄粱一梦，原因很简单，伦理对人而言还是一个很难遵守的复杂体系。简单的伦理规则往往是最难以实现的，比如应该帮助处在困难中的人，这就是一条很难（遵守者极容易上当被骗）操作的伦理准则。对于 AI 这个工具而言，合乎伦理设计应该科幻成分多于科学成分、想象成分多于真实成分。

当前的人工智能及未来的智能科学研究具有两个致命的缺点：① 把数学等同于逻辑；② 把符号与对象的指涉混淆。所以，人机融合深度态势感知的难点和瓶颈在于：①（符号）表征的非符号性（可变性）；②（逻辑）推理的非逻辑性（非真实性）；③（客观）决策的非客观性（主观性）。

智能是一个复杂的系统，既包括计算，也包括算计，一般而言，人工（机器）智能擅长客观事实（真理性）计算，人类智能优于主观价值（道理性）算计。当计算大于算计时，可以侧重人工智能；当算计大于计算时，应该偏向人类智能；当计算等于算计时，最好使用人机智能。费曼说：“物理学家们只是力图解释那些不依赖于偶然的事件，但在现实世界中，我们试图去理解的事情大都取决于偶然。”但是人、机两者智能的核心都在于：变，因时而变、因境而变、因法而变、因势而变……

如何实现人的算计（经验）与机的计算（模型）融合后的计算计系统呢？太极八卦图就是一个典型的计算计（计算 + 算计）系统，有算有计，有性有量，有显有隐，计算交融，情理相依。其中的“与或非”逻辑既有人经验的，也有物（机）数据的，即人价值性的“与或非”+ 机事实性的“与或非”，人机融合智能及深度态势感知的任务之一就是要打开与、或、非门的狭隘，比如大与、小与，大或、小或，大非、小非……大是（being）、大应（should）、小是（being）、小应（should）。人的经验性概率与机器的事实性概率不同，它是一种价值性概率，可以穿透非家族相似性的壁垒，用其他领域的成败得失结果影响当前领域的态势感知 SA，例如同情、共感、同理心和信任等。

人类智能的核心是意向指向的对象，机器智能的核心是符号指向的对象，人机智能的核心是意向指向对象与符号指向对象的结合问题。它们都是对存在的关涉，存在分为事实性的存在和价值性的存在，还有责任性的存在。例如同样的疫情存在，钟南山院士说的就是事实性存在，特朗普说的就是价值性存在，同时他们说的都包含责任性存在，只不过一个是科学性责任，一个是政治性责任。

一般而言，数学解决的是等价与相容（包含）问题，然而这个世界的等价与相容（包含）又非常复杂，客观事实上的等价与主观价值上的等价常常不是一回事，客观事实上的相容（包含）与主观价值上的相容（包含）往往也不是一回事，于是世界应该是由事实与价值共同组成的，也即除了数学部分之外，还由非数之学部分构成，科学技术是建立在数学逻辑（公理逻辑）与实验验证基础上的相对理性部分，人文艺术、哲学宗教则是基于非数之学逻辑与想象揣测之上的相对感性部分，二者的结合使人类在自然界中得以不息地存在着。

某种意义上，数学就是解决哲学上 being（是、存在）的学问（如等价、包涵问题），但它远远没有甚至也不可能解决 should（应、义）的问题。例如，当自然哲学家们企图在变动不居的自然中寻求永恒不变的本原时，巴门尼德却发现，没有哪种自然事物是永恒不变的，真正不变的只能是“存在”。在一个判断中（S 是 P），主词与宾词都是会变的，不变的唯有这个“是”（being）。换言之，一切事物都“是”、都“存在”，不过其中的事物总有一天将“不是”或“不存在”，然而“是”或“存在”却不会因为事物的生灭变化而发生变化，它是永恒不变的，这个“是”或“存在”就是使事物“是”或“存在”的根据。因此，与探寻时间上在先的本原的宇宙论不同，巴门尼德所追问的主要是逻辑上在先的存在，它虽然还不就是但却相当于人们所说的“本质”。这个“是”的一部分也许就是数学。

人机环境之间的关系既有有向闭环也有无向开环，或者既有有向开环也有无向闭环，自主系统大多是一种有向闭环行为。人机环境系统融合的计算计系统也许就是解决休谟之问的一个秘密通道，即通过人的算计结合机器的计算实现了从“事实”向“价值”的“质的飞跃”。

有人认为“全场景智慧是一个技术的大融合”。实际上，这是指工程应用的一个方面，如果深究起来，还是一个科学技术、人文艺术、哲学思想、伦理道德、习俗信仰等方面的人物环境系统大融合,如同这次抗疫。较好的人机交互关系如同阴阳图一样,你中有我,我中有你，相互依存，相互平衡，就像当前的中美关系一样，美国想去掉华为的芯片，英特尔等就受损。简单地说，目前人机关系就是两条鱼，头尾相连，黑白相间。

每个事物、每个人、每个字、每个字母……都可以看成一个事实 + 价值 + 责任的弥聚子，心理性反馈与生理性反馈、物理性反馈不同。感觉的逻辑与知觉的逻辑不同，易位思考，对知而言，概念就是图形；对感而言，概念就是符号。从智能领域上看，没有所谓的元，只有变化的元，元可以是一个很大的事物，例如太阳系、银河系都可以看成一个元单位。人们称之为智能弥聚子。

科学家们常常只是力图解释那些不依赖于偶然的事件，但在现实世界中，人机环境系统工程往往试图去理解的事情大都取决于一些偶然因素,如同人类的命运。维特根斯坦就此曾有过著名的评论:“在整个现代世界观的根基之下存在一种幻觉，即所谓的自然法则就是对自然现象的解释。”基切尔也一直试图复活用原因解释单个事件的观点，可是，无穷多的事物都可能影响一个事件，究竟哪个才应该被视作它的原因呢？更进一步讲，科学永远都不可能解释任何道德原则。在“是”与“应该”的问题之间似乎存在一道不可逾越的鸿沟。或许我们能够解释为什么人们认为有些事情应该做，或者说解释为什么人类进化到认定某些事情应该做，而其他事情却不能做，但是对于我们而言，超越这些基于生物学的道德法则依然是一个开放的问题。牛津大学的彭罗斯教授也认为:“在宇宙中根本听不到同一个节奏的‘滴答滴答’声响。一些你认为将在未来发生的事情也许早在过去就已经发生了。两位观察者眼中的两个无关事件的发生顺序并不是固定不变的；也就是说，亚当可能会说事件P发生在事件Q之前,而夏娃也许会反驳说事件P发生在事件Q之后。在这种情形下，我们熟悉的那种清晰明朗的先后关系——过去引发现在，而现在又引发未来——彻底瓦解了。没错，事实上所谓的因果关系（causality）在此也彻底瓦解了。”也许有一种东西，并且只有这种东西恒久不变，它先于这个世界而存在，而且也将存在于这个世界自身的组织结构之中，它就是——“变”。

某种意义上讲，智能是文化的产物，人类的每个概念和知识都是动态的，而且只有在实践的活动中才可能产生多个与其他概念和知识的关联虫洞,进而实现其“活”的状态及“生”的趋势。同时，这些概念和知识又会保持一定的稳定性和继承性，以便在不断演化中保持类基因的不变性。时间和空间是一切作为知识概念的可能条件，同时也是许多原理的限制，即它们不能与存在的自然本身完全一致。可能性的关键在于前提和条件，一般人们常常关注可能性，而忽略关注其约束和范围。我们把自己局限在那些只与范畴相关的原理之上，与范畴相关，很多与范畴无关的原理得不到注意和关涉。

实际上，人机环境系统中的态、势、感、知都有弹性，而关于心灵的纯粹物理概念的一个问题是，它似乎没有给自由意志留多少空间：如果心灵完全由物理法则支配，那么它的自由意志就像一块“决定”落向地心的石头一样。所有的智能都与人机环境系统有关，人工智能的优点在于缝合，人工智能的缺点在于割裂，不考虑人、环境的单纯的人工智能软件、硬件就是刻舟求剑、盲人摸象……简单地说，就是自动化。

人的学习是初期的灌输及更重要的后期环境触发的交互学习构成，机器缺乏后期的能力。人的学习是事实与价值的混合性学习，而且是权重调整性动态学习。人的记忆也是自适应性，随人机环境系统而变化，不时会找到以前没注意到的特征。通过学习，人可以把态转为势，把感化成知，机器好像也可以，只不过大都是脱离环境变化的“死”势“僵”知。聪明反被聪明误有时是人的因素，有时是环境变化的因素。人们生活在一个复杂系统（complex system）中，在这种系统中有许多互相作用的变主体（agent）和变客体。人机融合中有多个环节，有些适合人做，有些适合机做，有些适合人机共做，有些适合等待任务发生波动后再做，如何确定这些分工及匹配很重要，如何在态势中感知，或在一串感知中生成态势，从时间维度上如何态、势、感、知，从空间维度上如何态、势、感、知，从价值维度上如何态、势、感、知，这些方面都很重要。

那么，如何实现有向的人机融合与深度的态势感知呢？一是“泛事实”的有向性。如国际象棋、围棋中的规则规定、统计概率、约束条件等用到的量的有向性，人类学习、机器学习中用到的运算法则、理性推导的有向性等，这些都是有向性的例子。尽管这里的问题很不相同，但是它们都只有正、负两个方向，而且之间的夹角并不大，因此称为“泛事实”的有向性。这种在数学与物理中广泛使用的有向性便于计算。二是“泛价值”的有向性，亦即我们在主观意向性分析、判断中常用到的但不便测量的有向性。我们知道，这里的向量有无穷多个方向，而且两个方向不同的向量相加通常得到一个方向不同的向量。因此，我们称为“泛价值”的有向量。这种“泛向”的有向数学模型，对于我们来说方向太多，不便应用。

然而，正是由于“泛价值”有向量的可加性与“泛事实”有向性的二值性，启示我们研究一种既有二值有向性又有可加性的认知量。一维空间的有向距离，二维空间的有向面积，三维空间乃至一般的 N 维空间的有向体积等都是这种几何量的例子。一般地，人们把带有方向的度量称为有向度量。态势感知中态一般是“泛事实”的有向性,势是“泛价值”的有向性,感一般是“泛事实”的有向性,知是“泛价值”的有向性。人机关系有点像量子纠缠,常常不是“有或无”的问题，而是“有与无”的问题。有无相生，“有”的可以计算，“无”的可以算计，“有与无”的可以计算计，所以未来的军事人机融合指控系统中，一定要有人类参谋和机器参谋，一个负责“有”的计算，一个处理“无”的算计，形成指控“计算计”系统。既能从直观上把握事物，还能从间接中理解规律。

西方发展起来的科学侧重于对真理的探求，常常被分为两大类：理论科学和实践科学。前者的目的是知识及真理，后者则寻求通过人的行动控制对象。这两者具体表现在这样一个对真理的证明体系的探求上：形式意义上的真理（工具论——逻辑），实证意义上的真理（物理——经验世界），批判意义上的真理（后物理学——形而上学）。俞吾金先生认为："迄今为止的西方形而上学发展史是由以下三次翻转构成的：首先是以笛卡儿、康德、黑格尔为代表的'主体性形而上学'对柏拉图主义的'在场形而上学'的翻转；其次是在主体性形而上学的内部，以叔本华、尼采为代表的'意志形而上学'对以笛卡儿、康德、黑格尔为代表的"理性形而上学"的翻转；再次是后期海德格尔的'世界之四重整体（天地神人）的形而上学'对其前期的'此在形而上学'的翻转。"通过这三次翻转，我们可以引申出这样的结论：智能是一种人机环境系统交互，不但涉及理性和逻辑的研究，还包括感性和非逻辑的浸入，当前的人工智能仅仅是统计概率性混合了人类认知机理的自动化体系，还远远没有进入真正智能领域的探索。若要达到真正的智能研究，必须超越现有的人工智能框架，老老实实地把西方的"真"理同东方的"道"理结合起来，形成事实与价值、人智与机智、叙述与证明、计算与算计混合的计算计系统。

正如李朝东老师（原载《西北师大学报》2000 年第 5 期）所言："西方哲学就是一种真理的证明体系，而不是道德价值的话语系统，不是道理的语言。它是一种自以为然、以他为然的、为落入思想经验中的世界'立法'的真理语言，是一种事实判断的体系，而不是一种价值评判体系。中国人所追求的真理是与对错、好坏、是非的价值评判体系相关的东西，换言之，国人从来没有在整个证明体系上进入真理或哲学。西方人讲真理，中国人讲道理。道理乃自然之理，自然乃然其所然，既不能自以为然，也不能他然。所谓道法自然，就意味着道本身然其所然。然其所然的“所然”指的是阴阳、天地、男女之道，所以一阴一阳谓之道。道通于天地，男女之道谓之曰大道。国人的思想经验便是这种相反相成的二极经验，负阴抱阳自明。若不懂阴阳、天地、男女之道，无论你赋道以怎样的哲学意义都是无济于事的。道是一种相当深奥的生命经验、人生经验和美感经验，但它与真理的证明体系没有任何关系。”

自此，真正的智能将不仅能在叙述的框架中讲道理，而且还应能在证明的体系中讲真理；不仅能在对世界的感性体验中言说散文性的诗性智慧以满足情感的需要，而且能在对世界的理智把握中表达逻辑性的分析智慧以满足科学精神的要求，那时，智能才能真正克服危机——人性的危机。

五、智能不是万能

智能仅是解决问题的一种工具手段，若不与日常生活中的风俗习惯、伦理道德中的仁义礼智信勇、法律中的边界规则统计概率等诸多方面相结合，就很容易泛滥成灾而不可控制。真实的智能不是万能，它不但涉及事实性的真假问题，还应该包括价值性的是非问题，更与责任性的大小轻重密切相关，所以，严格意义上讲，智能是许多领域的一连串组合应用。

掌握信息、数据越多并不意味着离智能越近，对人而言，知识是过程而不是静止的一堆观念，根据已知事实用构造性的努力去发现真实定律的可能性有时会使人感到绝望。如果思考的框架错了，那么谬误将会抢占人们的心智，因此，问题的要害在于“不可度量的人类主观感受”与“可度量的客观物质世界”之间缺乏桥梁——人机环境系统交互出来的“真实变化”，准确地说就是基于深度态势感知发展出人的认知算计与计算体系，牢牢地锚定“人”这一核心问题，而不是将人看作一个个毫无生命力的原子，试图用变幻莫测的数学模型去描述人。但是，单纯人因也是存有问题的，不懂行或愚蠢的人在回路中是巨大的隐患和潜危。

对于人机而言，虽然都是将一个问题拆成几个子问题，分别求解这些子问题，即可推断出大问题的解，但是人的动态规划与机器的动态规划却是不同的：有经验的人可以游刃有余地将一个复杂性大问题拆成事实、价值、责任等不同性质的小问题来求解，即用事实、价值、责任的不同化法进行大事化小、小事化了，还可以避免各种鼠目寸光和画地为牢，而目前的机器对此异质合取化解问题依然望尘莫及，人工智能只会对比（不是类比），也许这也是人工智能的又一个瓶颈和难点：如何有效地处理异质性的非形式化问题？

所谓的人机智能就是自主、能动、恰当地处理变主客体关系的能力与功能混合，进而认清趋势、把握方向、选择道路。离开类人自主性（随机应变）的它控系统谈不上有多少智能。

事实与价值都是相对的，只不过两者的相对程度不同。现代人工智能总是在联系各种固定的标注和定义，而这些标注/定义和它本身总是不尽相符。真实智能不然，真实的智能是面向活的对象（属性标注）和面向动态过程（关系定义），它不仅涉及真假，而且还包括是非。在人类自然智能的态势感知中，相对论也起作用，势会生成新态，知可以产生新感（机器不行），比如大势所趋后的态缩效应，知觉后的视觉里可以产生重视、轻视、藐视、仰视、俯视、怒视、蔑视、正视……

人、机中的每一个参考系都有它自己独立的时间，如果两个参考系的时间不一样，而且它们在一阶精度下存在对应态势感知中的那种关系，那么在其中一个参考系里认为是同时发生的两个事件，在另一个参考系里就有可能被认为不是同时的。故信息时空及意向的非一致性是人机融合智能的关键。

经常听到有人说“我相信宇宙规律应该是简单而美的”，但是很多人并不知道要认识这种简单和美是需要站在一定的高度来看的。一幅油画很美，但是如果你距离它非常非常近，你可能就只能看到油画里的斑斑点点，那就既不简单也不美了。同样，想要认识和发现更加简单和优美的物理定律，就得对原来的理论认识得更加深刻，站在更高的高度去看它才行。而这种认知，对科学基本问题的深入思考，是需要哲学参与的。

君子喻于义，小人喻于利；人类喻于义（是非），机器喻于利（得失）；人类是情义交融的，机器是情义分离的，人机融合有情有义、有理有利。当然得排除不讲情理之人。韩愈给“义”字下的定义是“行而宜之之谓义”。“义”就是“宜”，而“宜”就是“合适”，也就是“应该”，但红绿灯问题仍然没有解决这个“义”。正如红绿灯的黄灯闪烁是上述人机交互的情理义的一个例证，黄灯闪烁是给什么样的人看的一样：“好人”停，“不好的人”依然在行。人类的理性是由感性演化而来的，机器的理性没有经过这个过程，从而不可能模拟出真正的人类理性或智能。实际上，真正的人类智能大都是指导性的，而不是指令性的，人工智能恰恰相反。

作为构成解释特征的因果关系观念，只有在单称事态解释的情形下才能成立。当把此观念延伸到规则解释时，它便不成立，甚至是反直觉的。虽然因果解释的反事实理论要求解释关系必须为不变性关系，但在一些复杂情形下，解释的关系却无法满足干预下的不变性。根据伍德沃德的因果解释理论，解释关系必须是不变性关系。然而，许多生物学系统表现出复杂的动力学特征，包括分叉、放大和阶段改变的特征。也就是说，在许多情形下，在我们对规则进行因果解释时，解释的关系不满足干预下的不变性关系。正如欧根鲍夫 (J.Odenbaugh) 所指出的那样，在生态学中，“我们几乎不可能以系统和可控方式，对生态系统进行操控。多种多样的因素都在起作用，并且它们之中的一些因素只是在特定的时期才能够被识别出来。”不仅如此，在许多事例中许多因果律是共同起作用的，并不能单独地改变。因果解释可以对规则进行解释。即使现有的因果解释理论并不能够对所有的规则进行解释，但随着对因果解释模型的改进，因果解释模型也会对更多的规则进行解释。

六、人类智能的基石可能真不是数学

在莫奈看来，物体的外形不过是光的象征，所以作画时并不在意具体外形，而是先观察和快速记录下反射的光影，随着笔触和色彩的堆叠，形状会自然浮现。这种独创的画法被称为“以光补形”。《日出·印象》也许并不是莫奈最出色的作品，但它却触碰了印象派艺术的精髓：**不追求真实的情况下，用更为直接和色彩化的方式，表达对事物的种种视觉印象。**记录下瞬间的感觉，那种朦胧的印象。

做学问一定要有脉有络，才能形成可持续性生态发展，可以延续继承，也可以另辟蹊径，但一定要顺势而为。势，就是以有限的现实（时空或状态）条件去获得的最大可能性，常常在谋篇布局、筹划预备阶段进行安排实施，也可以理解为力的前奏，二者结合起来即为势力。目前，强人工智能的研究脉络还不是很清晰，但基本途径还是数据、算法、算力和实验，正可谓：人工智能的基石是数学。然而，形式化的计算总是建立在理性逻辑推演基础之上的，而人类的智能却常常是拐弯抹角的多种逻辑的叠加推敲斟酌，所以也有人预测：未来强智能的颠覆性标志之一很可能就是能否产生多种融合性逻辑关系，而且这些复合性逻辑之间也应该不时会产生各种冲突和矛盾，一如莫奈的《日出·印象》和贝多芬的《c小调第五交响曲》(又名《命运交响曲》)。人工智能就是人机融合的赋能结果，赋能就是赋予功能而不是赋予能力。维特根斯坦从《逻辑哲学论》到《哲学研究》的转变就是从逻辑向非逻辑的转变，就是从功能向能力的转变，这也是从弱智能向强智能的转变。当下，一般认为：人类认知的机制是从态势到形式到局势再到趋势，从视觉到感觉到察觉再到知觉，于是人们以此制造了人工智能这个可以在某些方面(如围棋等)打败自己的产品，并不时惶恐不已，甚至抑郁悲观！殊不知，人类还有一个更厉害的能力没有赋给人工智能："从态势到形式到局势再到趋势，从视觉到感觉到察觉再到知觉"的逆过程。而且，这个特性只有人才可能具有吧！机器可以正向计算，形成若干方案，人可以从中挑选，进行逆向解读算计，最终结合经验进行取舍。

莱布尼茨有关普遍语言与理性演算的思想应该就是西方人工智能的理论基础，由此衍生出了弗雷格语言哲学中的指称与意义，布尔代数中的二进制表征与集合/逻辑运算，图灵机中的指令编码与运算程序，冯·诺依曼结构等。休谟有关事实能否推导出价值的问题则非常可能是解决未来强智能的思想基础，其本质可以看成形式化与意向性之间的变换问题，事实逻辑不同于价值逻辑，前者相对稳定，不因人而异，后者相对变化，众说纷纭，当然有些情况也会反转一下。休谟之问也涉及计算与算计的合成问题，最后，最重要的事再重复一遍：如果把计算看成是一种相对直来直去的逻辑规则顺序推演，那么算计则可能就是拐弯抹角的多种逻辑的“非规则”融合推演。未来强智能的标志之一可能就是：能否产生复合的、并行融合的逻辑关系。

许国志先生曾介绍过系统论的起源：20 世纪 20 年代，美国贝尔电话公司成立了贝尔实验室，实验室分为部件与系统两个部。20 世纪 40 年代末，人们把贝尔电话公司扩建电话网时引进和创造的一些概念、思路、方法的总体命名为“系统工程”。20 世纪中叶以来，许多学者常用系统来命名他们的研究对象，例如控制理论中的计算机集成制造系统、管理科学中的管理信息系统和决策支持系统等。随着时代的前进、科技的发展，人们发现事物之间的相互作用变大了，许多问题不得不从总体上加以考虑。于是系统科学应运而生。系统犹如数学中的基本概念之一：集合。但又不同于集合，是一种异构的类集合。人机混合智能系统不同于传统的系统科学，是一种复杂系统，既包括科学部分又涉及非科学部分。计算是定量同构解算，算计是定性异域推理。人机环境系统工程中的计算计难在隐性的间接的态、势、感、知，人、机的区别实质在于态、势的处理差异，人算计势好些，机计算态好些。态涉及客观事实性的状态，势关联主观价值性的趋势。希尔伯特在《几何基础》第一版的扉页引用康德的话：“人类的一切知识都是从直观开始，从那里进到概念，而以理念结束。”也许这句话只说对了一半吧！毕竟，除了辩证法之外，还有“变”“证”法。不但量子之间有纠缠，态势之间也纠缠，感知之间也纠缠，还有计算之间的纠缠。

自动化：旨在执行重复性任务的计算系统。自主（自治）系统：不需要人工干预即可执行任务的系统。在人机系统中，我们特别关注执行复杂推理任务的计算系统，是否也可以考虑人机混合的自主化，即人类的算计 + 机器的计算所衍生出的计算计自主系统。

自动化是以（确定性的）数据计算为核心驱动的，没有自主决策能力，而人类是以（动态性的）信息和知识算计为中心驱动的，能够处理意外情况并能进行尝试和验证。人机混合智能从某种意义上讲，应该是人类算计智能化与机器计算自动化相结合的一种生物物理系统。更重要的是，人的智能在于知道自己的不智能，机器则不然。人类可以跳出概念理解并使用概念，机器自己并不具有拟合出合理概念的能力和方法，只抓了有形的概念，而忘了概念的无形部分。机器还不时出现错把手段当目的、错把结果当成因的情形，如机器强化学习中只有得失没有是非，极易形成“局部最优”而丧失“大势所趋”，正如《菜根谭》里曾说：“行善而不见其益，犹如草里冬瓜。”（如果行善的过程中没有见到报答，好比草丛里的冬瓜，即使人眼看不到，它照样茁壮成长）。

可解释性的关键在于合适透明性所产生出的信任性，信任性的关键在于理解后的赞同，理解是对意义的把握，即把各种（事实、价值、责任等）可能相关事物有机整合在一起的能力。这个世界是由智能和非智能共同构成的，未来，能够制约智能系统的也许就包含非智能因素吧！读康德的作品只靠理解力是不够的，还需要超强的想象力。

“一”可以产生“多”，“多”可以凝聚成“一”，合久必分，分久必合，在什么情境下“合”，又在什么情境下“分”？“分”“合”的速度、加速度有多快？除了理性之外，情感在这些切换过程中又起到什么作用呢？……

什么是知识？什么是概念？什么是理解？什么是共识？为什么智能要研究哲学、伦理、非逻辑等？在人工智能需求与应用如雨后春笋般涌现之后，我们还是需要静下心来，对人工智能的发展之路进行深入的思考，或许才能更深层次地了解智能，并建构出更加符合期待中的人工智能、智能、人机混合智能体系，修修补补又三年的方式很难实现新的突破，正如大家对知识图谱里的“知识”感觉一样，再如，据说与 AlphaGo/AlphaZero 这种人工智能系统下棋时，最好的结果常常不是要多看几步的“高瞻远瞩”，而是紧盯眼前的“鼠目寸光”比较好些。

也许原创不是技术活，更多的是一种内心的主观想法。它原本不存在，你要让大家相信它，这里的难点，不在于工程实现，而在于坚定的世界观和先信仰后理解的洞察力。

第5章

军事智能

一、军事智能的概念

作为人类最尖端的智能形式，军事智能不是军事 + 人工智能，而是其中既包括机的自洽性过程计算也包含有人的矛盾性有向算计，军事智能如生物进化一样不太讲究多强大、多聪明，而更关注任务执行中的恰当变通，它不是包治百病的神药，而是对症下的准药，最高境界是达到不战而屈人的目的。

当前军事系统的自主化与弱通信、无通信条件下的高级自动化等价，而现代的军事无人化侧重于统计概率下的机械化 + 自动化。即使科技发展出的装备再先进，其形成的产品或系统也只是机器计算，0、1 的数理基础仍然没有变，就像 5G、6G 等一样，若没有意向性和价值性出现，系统本质上还是机器。

军事智能的本质是暴力性对抗角逐，即要摧毁对方的博弈意志；军事智能的本质是服务性智力，满足对象的需求。军事智能以损人为本，民事智能以助人为乐。AI 作为计算的逻辑实质上是一种“主体转向”，“军事智能的算计逻辑”是当仁不让地以人类为主体，研究的对象是对手的认知、思维、智能种种，强调应是什么、应干什么等问题，军事智能不但涉及手段，还包括意志和随机偶然性；AI 计算的逻辑则是将计算机作为信息处理的主体，侧重是什么、干什么问题，研究的是计算机的处理方式以及人与计算机的互动关系。

未来的军事智能不是功能性的工具（锤子），而是能力性的软件 + 硬件 + 湿件，它不太讲究事实和形式，多涉及价值和意义。它会不断地超越军种、行业、领域的格局和前瞻的战略视野，是颠覆性技术创新的重要支撑。

在 20 世纪 50 年代末，美国军方的共识是，其指挥与控制系统不能满足日益复杂和快速多变的军事环境下快速决策的紧迫需求，1961 年肯尼迪总统要求军队改善指挥与控制系统。在该国防安全重大问题提出以后，国防部指派 DARPA 负责此项目。为此 DARPA 成立了信息处理技术办公室，并邀请麻省理工学院约瑟夫・利克莱德教授出任首任主任。虽然是军方的迫切需要和总统钦定的问题，但是 DARPA 没有陷入军种的眼前需求和具体问题，而是基于利克莱德提出的“人机共生”思想，认为人机交互是指挥与控制问题本质，并就此开展长期、持续的研究工作。此后，IPTO 遵循着利克莱德的思想逐渐开辟出计算机科学与信息处理技术方面的很多新领域，培育出 ARPAnet 等划时代颠覆性技术，产生了深远的影响，直至今天。

军事智能化不是无人化，也不是自主化。自主化指自己做主，不受别人支配的程度；无人化是指能在无人操作和辅助的情况下自动完成预定的全部操作任务的程度；而军事智能主要是实现更高维度的感知、洞察并实施诈与反诈，是人机环境系统融合的深度态势感知，是人机融合的“钢”（装备）+“气”（精神）。

当前，许多人认为军事智能就是军事 +AI，还有人认为军事智能就是自主系统或者无人系统，大都是没有认清军事对抗博弈的实质使然。另外一个需要警惕的军事智能问题是：单纯机器计算得越精细，越准确，越快速，危险性越大，因为敌人可以隐真示假、造势欺骗、以真乱假，所以有专家参与的人机融合军事智能相对显得更重要，更迫切，更有效。

二、军事智能的发展

战争形势的发展阶段分为以下几部分。

（一）机械战与信息战

战争形式的发展阶段依次经历了机械化、信息化、智能化，它们是在不同的时代背景条件下分别产生的，各自依托的是工业时代、信息时代和智能时代的不同物质基础。机械化依托的物质基础主要是动力设备、石化能源等物理实体及相关技术。信息化依托的物质基础主要是计算机和网络硬件设备及其运行软件。智能化的重要前提是信息化，依托的物质基础主要是高度信息化以后提供的海量数据资源、并行计算能力和人工智能算法。

机械化主要通过增强武器的机动力、火力和防护力提升单件武器的战斗力，以武器代际更新和扩大数量规模的方式提升整体战斗力。信息化主要是通过构建信息化作战体系，以信息流驱动物质流和能量流，实现信息赋能、网络聚能、体系增能，以软件版本升级和系统涌现的方式提升整体战斗力。智能化则是在高度信息化基础上，通过人工智能赋予作战体系“学习”和“思考”能力，以快速迭代进化的方式提升整体战斗力。

机械化的对象主要是陆军，其目标主要是提升陆军的机动力、火力和防护力，使陆军跑起来、飞起来。机械化的最终目标，是使各军兵种武器装备的火力更猛、速度更快、射程更远、防护更强，各项机械性能指标达到最优。信息化的最终目标，则是使人或武器装备在恰当的时间、恰当的地点以恰当的方式获得和运用恰当的信息，信息获取、传输、处理、共享、安全等各项性能指标达到最优，实现战场透明化、指挥高效化、打击精确化、保障集约化。智能化的追求目标，是不断提升从单件武器装备、指挥信息系统，直至整个作战体系的“智商”，并同步提升其可靠性、鲁棒性、可控性、可解释性等相关性能指标。

（二）电子认知战

网电空间的快速成长，正在塑造一个“一切皆由网络控制”的未来世界，催生“谁控制网电空间谁就能控制一切”的国家安全法则。当前，世界主要军事强国都在加紧筹划网电空间国家安全战略，以便抢得先机。少数国家极力谋求网电空间军事霸权，组建网电作战部队，研发网络攻击武器，出台网电作战条例，不断强化网电攻击与威慑能力。

美国国防部高级研究计划局的“自适应雷达对抗”（ARC）、“行为学习自适应电子战”（BLADE）以及美国空军研究实验室的“认知电子战精确参考感知”（PRESENCE）等项目都是这种新型认知电子战技术研发的典型。这些认知电子战技术有望使电子战系统领先于频带更宽、射频捷变性更强的新型威胁系统。

认知电子战技术应用前景广阔，不仅有助于提升电磁对抗技术实力，还将对信息战和网络空间战产生重要影响。认知电子战技术可实现自主电磁环境扫描定位，自主确定电子攻击的方式，并通过严格频谱管控提高电磁防护能力，代表了未来智能作战的发展方向。

认知电子战技术可有效解决传统电子战态势感知精度不足问题，避免因大功率压制手段而暴露干扰信号并招致反辐射打击问题，有效提高电子战系统的隐蔽性和抗摧毁性。美国陆军开发的“城市军刀”项目，旨在依托认知技术对高优先级电子战目标实现自主探测、识别、分类、定位和快速攻击，提升战场频谱管控能力。

认知电子战技术将有效适应未来战场复杂电磁态势，解决复杂电磁环境下精确态势感知问题，其具备的实时动态学习能力，可在应对新型复杂环境时快速响应。未来，集众多高新技术于一身的认知电子战，将向着具备学习、思考、推理和记忆等认知能力方向发展。

（三）网络中心战

网络中心战（Network-Centric Warfare，NCW）现多称网络中心行动（Network-Centric Operations，NCO），是一种美国国防部所创的新军事指导原则，以求化信息优势为战争优势。

其做法是用极可靠的网络联络在地面上分隔开但信息充足的部队，这样就可以发展新的组织及战斗方法。这种网络允许人们分享更多信息、合作及情境意识，以致理论上可以令各部一致，指挥更快，行动更有效。这套理论假设用极可靠的网络联系的部队更新分享信息；信息分享会提升信息质量及情境意识；分享情境意识容许合作和自发配合，这些假设大大增加行动的效率。

通过战场各个作战单元的网络化，把信息优势变为作战优势，使各分散配置的部队共同感知战场态势，协调行动，从而发挥最大作战效能的作战样式。网络中心战是美军推进新军事革命的重要研究成果，其目的在于改进信息和指挥控制能力，以增强联合火力和对付目标所需要的能力。网络中心战是一种基于全新概念的战争，它与过去的消耗型战争有着本质上的不同，指挥行动的快速性和部队间的自同步使之成为快速有效的战争。

网络中心战的实质是利用计算机信息网络对处于各地的部队或士兵实施一体化指挥和控制，其核心是利用网络让所有作战力量实现信息共享，实时掌握战场态势，缩短决策时间，提高打击速度与精度。在网络中心战中，各级指挥官甚至普通士兵都可利用网络交换大量图文信息，并及时、迅速地交换意见，制订作战计划，解决各种问题，从而对敌人实施快速、精确及连续的打击。

以往作战行动主要是围绕武器平台（如坦克、军舰、飞机等）进行的，在行动过程中，各平台自行获取战场信息，然后指挥火力系统进行作战任务，平台自身的机动性有助于实施灵活的独立作战，但同时也限制了平台间信息的交流与共享能力，从而影响整体作战效能。正是由于计算机网络的出现，使平台与平台之间的信息交流与共享成为可能，从而使战场传感器、指挥中心与火力打击单元构成一个有机整体，实现真正意义上的联合作战，所以这种以网络为核心和纽带的网络中心战又可称为基于网络的战争。所以说，网络中心战的基本思想就是充分利用网络平台的网络优势，获取和巩固己方的信息优势，并且将这种信息优势转化为决策优势。与传统相比，网络中心战具有三个非常重要的优势：一是通过集结火力对共同目标同时交战；二是通过资源提高兵力保护；三是可形成更有效的、更迅速的“发现→控制”交战顺序。

“网络中心战”强调地理上分散配置部队。以往由于能力受限，军队作战力量调整必须要以重新确定位置来完成，部队或者最大可能地靠近敌人，或者最大可能地靠近作战目标。结果，一支分散配置部队的战斗力形不成拳头，不可能迅速对情况做出反应或集中兵力发起突击。因为需要位置调整和后勤保障。与此相反，信息技术则使部队从战场有形的地理位置中解脱出来，使部队能够进行更有效的机动。由于清楚地掌握和了解战场态势，作战单元更能随时集中火力而不再是集中兵力来打击敌人。在“网络中心战”中，火力机动将完全替代传统的兵力机动，从而使作战不再有清晰的战线，前后方之分也不甚明显，战争的战略、战役和战术层次也日趋淡化。

（四）算法战

在战争智能化的基础上，美国国防部在 2017 年 4 月 26 日正式提出“算法战”概念，并将从更多信息源中获取大量信息的软件或可以代替人工数据处理、为人提供数据响应建议的算法称为“战争算法”，同时美国国防部决定组建算法战跨功能小组，以推动人工智能、大数据及机器学习等“战争算法”关键技术的研究。美军这一看似突然的举措实际上由来已久，适应了现代战争的迫切需求。

“战争算法”源自信息化作战过程中出现的复杂难题。随着现代战场在空间上的拓展，复杂多样的战场信息传感器遍布陆、海、空、外层空间和电磁网络空间，各类情报侦察与监视预警信息呈爆炸式增长，由此产生的海量信息数据超出了情报分析员们的能力范围，令人难以招架，导致战场信息收集不及时、有效信息产出时效性低、反馈失误等严重问题。与此同时，无人机蜂群、群化武器等新式智能化武器装备与新型作战样式的提出，对指挥员决策的时效性、准确性、灵敏性提出了更高要求。不同数据类型和数据运用要求所需的标准化分析算法从而建立起数据自主分析系统，能够缩短观察、判断、决策、行动环（OODA）的反应时间，节省数据带宽，有效提升数据处理和挖掘效率，从而减少战场态势感知的不确定性，在智能决策、指挥协同、情报分析、战法验证以及电磁网络攻防等关键作战领域发挥作用。随着战争从体能较量、技能较量发展为智能较量，战争算法人工智能和指挥控制系统相关联并在其中占据关键地位，是实现智能化作战和建设智能军队的技术基础。

（五）马赛克战

现代战争的组织和规划一定会跨域、跨军兵种。美军已意识到分布式、联合、多域作战能力的重要性，不过，研发和部署相关高度网络化架构需要数年甚至数十年的时间。为了让指挥官能利用现时可用系统，以战斗速度构建赢得战争所需要的作战能力，美国国防高级研究计划局战略技术办公室在 2017 年提出“马赛克战”概念，寻求开发可靠连接不同系统的工具和程序，灵活组合大量低成本传感器，指挥控制节点、武器平台，利用网络化作战，实现高效费比的复杂性，对敌形成新的不对称优势。

美军当前正不断开发更先进的战斗机、潜艇和无人系统，然而随着军事技术和高科技系统在全球范围的扩散，美国先进卫星、隐形飞机或精确弹药等传统技术平台的战略价值正在下降，而商业市场上电子元件技术的快速更新换代，令成本高昂、研制周期长达数十年的新军事系统在交付之前就已经过时了。“马赛克战”的概念是将更简单的系统联网，使其共享信息、协同作战，这其中，可消耗性和信息共享能力是关键。

“马赛克战”需要将系统以不同的方式进行组合，实现不同的效果。然而美军现有的武器系统不是为了“马赛克战”方式发挥作用而设计的，它们更像拼图，都是仅能作为某一特定图形特定组成部分发挥作用精心设计的系统。战略技术办公室的目标在于创建接口、通信链路、精确导航和授时软件等技术构架，使已有系统可以协同工作。

“马赛克战”可使杀伤链更有弹性，感知－决策－行动的决策环自古有之，美军将其优化为观察－判断－决策－行动（OODA）环。如果指挥官可以将 OODA 环的功能拆分开，那么各种传感器平台都可以以各种决策方相连，继而与各种行动平台相连，从而带来了各种排列组合的可能性，迫使敌人与各种攻击组合相对抗。这就使杀伤链更有弹性，无论敌人采取何种行动，美军总有可能完成自己的杀伤力链。

（六）多域战

“多域战”概念是美国陆军集近 10 年来的陆军和其他军种作战理论探索、研究的成果，着眼 2025—2040 年与势均力敌的大国对手武装冲突的作战需求，在“第三次抵消战略”的推动下，形成的全新作战概念。这一概念在 2016 年 10 月一经发布，就得到了美国国防部高层、各军种、作战司令部及研究机构的追捧，成为美国军界、军事研究界 2017 年研究的热点。2017 年至 2018 年年初，即使是美国国家和国防部领导人更迭，“第三次抵消战略”几近销声匿迹，但美国陆军“多域战”概念研发和探索的热度依旧不减，诸多工作仍在稳定推进中。

随着太空、网络空间、电磁频谱和信息环境等新型作战域对陆、海、空等传统作战域的不断渗透融合，未来联合作战将具有全球性的作战空间。为统筹安排可能从全球任何角落发起的作战行动，“多域战”将原先的三区（后方、近战、纵深）地区性框架拓展为七区（战略支援区、战役支援区、战术支援区、近战区、纵深机动区、战役纵深火力区、战略纵深火力区）全球性框架。

“多域战”设想的基本作战力量是多域融合的弹性编队。多域融合要求在基本作战分队建制内编配陆、海、空、天、网络等域的作战力量，使分队具备在多个作战域行动并释放能量的能力。弹性就是要求作战分队能够根据任务对相关力量进行灵活编组，以应对瞬息万变的作战需求。这样的作战分队还必须反应迅速，能够在数日内抵达冲突地区，并立即展开行动。具备较强的生存能力，通过实行任务式指挥，在通信、导航受阻，与上级联通不畅的情况下，根据任务目标主动并谨慎地展开行动。具备较强的自我保障能力，在没有持续补给和安全侧翼的环境下实施半独立作战。

“多域战”的制胜机理可以表述为，通过跨域聚能形成优势窗口，利用优势窗口促成各个域力量的机动，推动作战进程朝有利方向发展。这进而联动或并发地创造出更多优势窗口，使作战进程在一个个优势窗口的创建与利用中逐步推进，保证联合部队始终掌控主动，而对手则陷于重重困境。跨域聚能是聚合己方多个域的作战效能，在特定的时间、地域，作用于对手特定作战域，以实现对敌一个或几个作战域能力的压制。跨域聚能是联合作战力量融合的新形式，其联合层级更低、领域更广、融合更深、精度更细。

优势窗口既是在某个域对敌形成的暂时优势，也是对手存在的弱点、失误甚至体系缺口。它可能表现为对手在特定时空火力、机动力、防护力的丧失，网络、电磁空间的失控，人心民意的背离，也可能是各域效应并发所形成的综合性缺口。临时优势窗口的创建和利用体现了对作战时间、空间和目的之间的动态关系的深刻理解，以及对多种力量与复杂作战行动的精确指挥控制，是一种超越制权的崭新理念。

“多域战”理论将与强手的对抗划分为竞争、冲突、重回竞争三个阶段。强调竞争阶段就不断根据事态发展调整前沿兵力部署。利用各种时机将部队部署至关键位置，突破对手的“反介入或区域拒止”战略，变对手“拒止”区域为对抗区域。一旦对抗升级为武装冲突，网络域、空间域作战力量能够即时展开行动，多域远征作战力量能够在数日内被投送至战区，与前沿部署力量协同行动。一旦行动胜利，目标达成，即重回竞争，在最大限度保证自身利益的基础上，避免过度刺激对手，导致冲突失控。

三、美军军事智能的发展

（一）三次抵消战略

自第二次世界大战结束以来，美国共提出过三次带有“抵消”性质的战略。第一次是面对 1953 年朝鲜战争后的财政危机和苏联威胁，美国提出以核技术优势抵消苏军压倒性常规军力优势的“新面貌”战略。但随着苏联核能力的提升和苏美核均势的形成，第一次“抵消战略”失去了作用，实际上以失败告终。

第二次是 20 世纪 70 年代中后期，针对越南战争后的困境，特别是苏联的常规军力优势，美国提出以精确打击技术为龙头、以信息技术为核心的“抵消战略”。美国依靠在技术和工业领域内的优势地位，大力投资研发新信息技术以实现“技术赋能价值”，通过运用卫星侦察、全球定位、计算机网络、精确制导等技术，大大提升已有武器平台的作战效能，开启了第二次“抵消战略”，同时也促进了科技创新。第二次“抵消战略”被认为成功加速了苏联的战略衰退，并导致苏联解体和冷战结束。

第一次抵消，是核武器时代，还有洲际弹道导弹、卫星间谍；第二次是隐形技术和精确制导技术；第三次，就是现在。包括自主学习系统在内的技术应用，军事对抗能力早已升级到与合成生物学、量子信息科学、认知神经科学、人类行为建模以及新式工程材料相关的基础学科研究上。谁拥有了这些尖端技术，谁就有可能处在领先位置。

这三次“抵消战略”的思想一脉相承——都是在战争结束初期，国力相对下降、大国挑战加剧的背景下，谋求以技术创新来支撑并拉大军事优势的长期竞争战略。

第三次“抵消战略”的目的是利用人工智能和自主能力等先进技术，以实现作战效能的阶梯式飞跃，从而增强美国的常规威慑。沃克认为，该战略包括技术进步，但实际上是基于条令、训练和演习等的作战与组织构想，使美军可利用这些技术进行作战并获得优势。该战略也与机构战略相关，即组织国防部在新的动态环境中作战。

美国国防部强调，需要重视人工智能和自主能力，需要将人工智能和自主能力纳入作战网络，并重点关注五方面：用于处理大数据并判断范式的自主学习系统；实现更及时的相关决策的人机合作；通过技术辅助（如外骨骼或可穿戴电子设备）实现辅助人员作战；先进的人机作战编队，如有人驾驶和无人驾驶系统联合作战；网络使能的武器和高速武器，如定向能力、电磁导轨炮和高超声速武器等。

（二）美军DARPA军事智能经历的四个发展阶段

第二次世界大战后电子和计算机技术取得飞速进步，为用机器代替人执行任务奠定了基础。20 世纪 60 年代初，DARPA（当时为 ARPA）开始介入自主技术研究，并很快成为该领域的主要研究机构。DARPA 意识到，人工智能可以满足大量的国家安全需要。在人工智能项目的设置上，通过整合计算机科学、数学、概率学、统计数字、认知科学领域的成果，推动与智力有关的能力自动化，并且研究范围逐渐从语音识别、语言翻译等进入到大数据分析、情报分析、基因组及医药、视觉与机器人学、无人驾驶与导航等各种领域。

DARPA 虽然研制自主技术的时间较长，但长期以来，其研究的与自主相关的项目并非在一个固定的技术领域内进行，而是分散到多个不同的领域。直到 2014 年，才正式在国防科学办公室下划分出自主技术领域。

由于自主技术涵盖较为广泛，涉及通信、指挥控制、数据处理等多个不同领域。为汇聚重点，本书根据 DARPA 新设自主技术领域所研究的项目，结合《DARPA 技术成就》（1990 年）、《战略计算》（2002 年）等报告 / 书籍内对 DARPA 技术的归类，将自主技术的研究范围限定在和陆、海、空机器人相关的自主技术以及和智能助手相关的自主技术。按时间节点看，DARPA 对自主技术的研究大体上可以分为四个阶段。

1. 人工智能研究阶段

美国人工智能的发展很大程度上归功于 DARPA 的支持。20 世纪 60 年代初期，DARPA 在 MAC 计划中研制计算机分时操作技术，开始最初的人工智能技术研究。但是，直到 20 世纪 60 年代末，人工智能才作为一个单独的研究项目列入 DARPA 的预算。到了 20 世纪 70 年代中期，DARPA 已经成为美国人工智能研究的主要支持者，并推动了人工智能技术的实际应用，如自动语音识别和图像理解。20 世纪 70 年代末，人工智能得到更广泛的应用，并在一些军事系统上得到应用。1983 年，人工智能技术成为 DARPA 战略计算项目的关键组成部分。

在人工智能的研究上，DARPA 不仅支持基础研究，如知识表达、问题解决以及自然语言结构等技术，也支持应用研究，如在专家系统、自动编程、机器人技术和计算机视觉等领域的应用研究。

2. 战略计算项目阶段

20 世纪 80 年代，国际上（特别是日本）加大了对计算机系统的研究，DARPA 感到在计算领域的优势地位受到威胁。于是在 1983 年，DARPA 成立战略计算项目，以此提高所有计算和信息处理领域的优势。AI 成为战略计算项目的一个基本组成部分。

由于在进入战略计算项目之前，AI 的研究项目有的取得显著进展，有的则面临较大技术问题难以为继。因此，战略计算项目在 AI 项目投资上，虽仍对所有技术领域进行投资，但更侧重于能够继续获得进步的技术。受到关注的四个项目为：语音识别项目，该项目可支撑导航辅助和作战管理；自然语言开发，该技术为作战管理的基础；视觉技术，该技术是自主无人车的基础；可用于所有应用的专家系统。

3. 1994 年到 2014 年发展阶段

在战略计算项目之后，先进技术办公室（ATO）及后来的信息技术办公室（IPTO）继续开展相关自主技术的研究，在二十年的时间内先后进行了数十项技术的研究。包括 ATO 的战术机动机器人（TMR）项目（主要用的是遥控技术）、ITO 的机动自主机器人软件（MARS）项目和分布式机器人软件（SDR）项目、MTO 的分布式机器人项目等。

4. 自主领域成立阶段（2014 年至今）

2014 年第 2 季度，DARPA 的国防科学办公室建立新的研究领域：自主化（半自主化）。主要研究硬件和计算工具，使系统能够在缺少（甚至没有）基础设施的环境中，仅通过断断续续的联系便能正常工作。目前该领域的研究项目包括自主机器人操纵（ARM）、FLA 项目、MICA 项目。

（三）美军DARPA军事智能发展的主要领域

1. 语音识别

最初的项目为 20 世纪 70 年代初启动的语音识别研究计划（SUR）。在该计划中，DARPA 支持多个研究机构采用不同的方法进行语音识别研究，取得较好成绩的是 CMU 的 Hearsay-II 技术以及 BBN 的 HWIM（Hear What I Mean）技术。其中 Hearsay-II 提出了采用并行异步过程，将人的讲话内容进行零碎化处理的前瞻性观念；而 BBN 的 HWIM 通过庞大的词汇解码处理复杂的语音逻辑规则来提高词汇识别的准确率。

进入 20 世纪 80 年代，DARPA 开始采用统计学的方法研究语音识别技术，开发了 Sphinx、BYBLOS、DECIPHER 等一系列语音识别系统，已经能够整句连续的进行语音识别。

2000 年之后，DARPA 开始研制通过对话实施人机交互的系统，该系统还能在与不同人的对话中学习经验，提供个性化的服务。2001 年，DARPA 研制了供单兵使用的翻译装置，“9 · 11”事件之后，语音识别技术获得进一步的重视。能够进行单向翻译的名为 Phraselator 的翻译装置问世。

2005 年，DARPA 发起全球自动化语言情报利用（GALE）项目。该项目寻找能够对标准阿拉伯语和汉语的印刷品、网页、新闻及电视广播进行实时翻译的技术。计划在 2010 年，使 95% 的文本文档翻译和 90% 的语音文件翻译均能达到 95% 的正确率。

2. 环境感知技术

环境感知技术主要涉及各类传感器信息的识别和应用。DARPA 最初的构想是研制出一种能够自动或半自动分析军事照片和相关图片的技术，随着研究的深入，特别是研制无人系统（主要是无人车）对信息输入的苛刻要求，DARPA 的项目从对静态信息的识别逐渐向动态信息的感应和识别方向发展。

1976 年，DARPA 开始图像识别（IU）项目。最初的目标是用 5 年的时间开发出能够自动或半自动分析军事照片和相关图片的技术。项目参与单位包括麻省理工学院、斯坦福大学、罗切斯特大学、SRI 和霍尼韦尔公司等。1979 年，项目的目标扩展，增加了图形绘制技术。到了 1981 年，预计 5 年内完成的项目并没有终止，而是持续到了 2001 年。

2001 财年，DARPA 为解决环境感知问题，启动了 PerceptOR 项目，其目的是开发新型无人车用感知系统，要求系统足够灵巧，能够保证无人车在越野环境中执行任务，并且能在各种战场环境和天气条件下使用。2005 年该项目完成阶段性研究，后转移到“未来作战系统地面无人车集成产品”项目，进行系统开发与测试。

2010 年，DARPA 启动“心眼”项目。项目的目的是开发一种智能视觉系统，仅通过视觉输入，便能够学习一般的应用并通过行动再现出来。

3. 人工智能技术

DARPA 在 20 世纪 70 年代开始人工智能技术的研究，当时的信息处理技术办公室（IPTO）支持斯坦福大学和麻省理工学院进行研究（如后来的机器辅助认知项目），但此时的人工智能（包括机器人）并非 DARPA 的重点。

到了 20 世纪 80 年代初，DARPA 加强了自主空中、地面和海上运载器的研究（后称为杀手机器人）。但该研究并没有达到预期目标，相关研究成果为后来战略计算项目提供了基础。

1985 年，DARPA 人工智能的研究（包括杀手机器人）成为战术技术办公室（TTO）聪明武器项目（SWP）的一部分。

1999 年，在计算机和通信项目下，设置了智能系统和软件技术的研制，旨在研制一种能够主动、自主地为战士提供各类辅助信息的人工智能系统。

2006 年，DARPA 开始综合学习项目（Integrated Learning Program），该项目的目标是将专业领域知识和常识综合创造出一个推理系统，该系统能像人一样学习并可用于多种复杂任务。这样一种系统将显著扩展计算机学习的任务类型，为研制执行复杂性任务的自动系统打下基础。

2010 年，DARPA 开始资助深度学习项目，目标是构建一个通用的机器学习引擎。深度学习可以完成需要高度抽象特征的人工智能任务，如语音识别、图像识别和检索、自然语言理解等。深层模型是包含多个隐藏层的人工神经网络，多层非线性结构使其具备强大的特征表达能力和对复杂任务建模能力。深度学习是目前最接近人脑的智能学习方法，将人工智能带上了一个新的台阶，将对一大批产品和服务产生深远影响。

深度学习源于人工神经网络的研究，深度学习采用的模型为深层神经网络（Deep Neural Networks，DNN）模型，即包含多个隐藏层（Hidden Layer，也称隐含层）的神经网络（Neural Networks，NN）。深度学习利用模型中的隐藏层，通过特征组合的方式，逐层将原始输入转化为浅层特征、中层特征、高层特征直至最终的任务目标。

4. 机器人自主控制技术

军用机器人（含无人车）控制技术的研究最早可以追溯到 20 世纪 30 年代，当时主要为轮式 / 履带式车辆的遥控技术。后来，控制技术逐渐从遥控发展到半自主、自主控制，从对轮式 / 履带式车辆运动的控制发展到对双足式、多足式机器人运动的控制，同时还增加了能够完成复杂作业的功能性部件（如机械臂）的控制技术。

20 世纪 80 年代，DARPA 在地面无人车的研制中投资研究轮式车辆的控制技术，并在 20 世纪 90 年代后，同国防部联合机器人计划（JRP）一起资助相关车辆控制技术的研究。进入 21 世纪后，DARPA 连续启动无人车挑战赛，在更大范围内引发对车辆控制技术的研究。

20 世纪 80 年代，DARPA 研制地面无人车，2001 年，DARPA 在未来作战系统（FCS）项目支持下，开展小型地面机器人（车辆）的研制。该项目研制的机器人采用步行或匍匐前进的运动方式，形成了新的控制方案。

2008 年，DARPA 提出学习机动项目。该项目的目的是开发新一代的学习算法，使无人控制的机器人成功穿越大型的、不规则障碍物，更为重要的是，通过不断积累经验，这些算法将能让机器人自主学会克服那些比人为编码设定的更加复杂的实际地形。

这个项目由六个研究团队相互合作和竞争展开，每个团队提供了相同的由波士顿动态研究所制造的小型四足机器人（Little Dog）。为了减少导航问题中遥感技术的复杂性，每个团队也提供了一个由 Vicon 设计的动作捕捉系统。这样在相同的硬件条件下，研究团队可以专注于寻找解决问题的最优算法，去判断崎岖的地形变化。

2010 年 2 月，DARPA 设置新的机器人自主技术 ARM。项目的目标是研制具有高度自主能力、能够适合多个军种任务使用的控制器，让机器人能够迅速并以最小的代价执行人类级别的任务。ARM 在没有人控制情况下，通过充分使用自己的视觉、力量和触觉传感器，灵活掌握和完成 18 种不同的任务，组成 ARM 机器人的包括手臂、脖子、头传感器等商业组件。当前的机器人控制系统能够保护生命、减少伤亡，但是在多种任务环境中能力有限，需要较多的人为干涉并且完成任务所需的时间也较长。

5. 自主编组协调技术

20 世纪 90 年代以前发展的是单功能化的组合式结构，信息流通结构精简单一。1991—1996 年，出现了一些新兴技术，如分级的链接状态路由协议 ISIS、操作系统内核 Mach 以及被广泛应用在工作站、PC、服务器、刀片服务器或单板计算机等互联集群的分包通信和交换技术 Myrinet。DARPA 建立了分布式布局：由一固定的控制中心连接许多相同终端，实现了个体组织单元的分化。

1997—2001 年，为了解决终端数量和种类的增加引发的问题，协调各个部分之间资源的动态分配，有效、快速、准确地提供更多服务，实现各部门之间实时沟通、动态规划的反馈机制，DARPA 之后设计出关系连接更加复杂的集成计算装置，例如 DARPA/SC-21Concept（2010），通过在计划和不同任务层面上的协同，满足了飞机战斗编队、舰艇作战编队等应对复杂战争任务的合作要求。

四、未来智能化战争制胜的关键因素

（一）人机环境系统融合

近年来，AI 的杰出代表阿尔法系列在围棋等博弈中取得了耀眼的成绩，但其根本仍是封闭条件下的相关性机器学习和推理，而军事智能博弈的根本依然是开放环境下因果性与相关性混合的人之学习和理解，这种学习能够产生在一定程度上范围不确定的隐性知识和秩序规则（如同小孩子们的学习一样），这种理解可以把表面上无关的事物相关起来。种种迹象表明，未来的战争可能就是人机环境系统融合的战争。

孙子曰：知彼知己，方百战不殆。这里的“知”既包括人的感知，也包括机器的感知，人机之间感知的区别是人能够得意忘形，机器对于意向的理解还不能够像人一样灵活深入；这里的“彼”既包括对手，也包括装备和环境；这里的“己”也包括己方的人、机、环境三部分。所以，没有人，就没有智能，也就没有人工智能，更没有未来的战争。真正的智能或人工智能，不是抽象的数学系统所能够实现的，数学只是一种工具，实现的只能是功能，而不是能力，只有人才会产生真正的能力，所以人工智能是人、机、环境系统相互作用的产物，未来的战争也是机器计算结合人算计的结果，是一种结合计算的算计或是一种洞察，事实上，若仅是单纯的计算，算得越快、越准、越灵，危险往往越大，越容易上当受骗，越容易“聪明反被聪明误”，而中国一个著名的成语“塞翁失马”就说明了计算不如人的算计和洞察。

最近一段时间，美国各兵种分别针对未来作战方式提出了多域战、全域战、马赛克战等模式，都是人机环境系统工程，是人、机、环境中各元素的弥散与聚合，是各种符号的分布式表征计算与众多非符号的现象性表示算计综合、混合、融合，同时也是机械、信息、知识、经验、人工智能、智能、智慧的交叉互补。

所以，人机融合智能机制、机理的破解将成为未来战争制胜的关键。任何分工都会受规模和范围限制，人机融合智能中的功能分配是分工的一部分，另外一部分是能力分配。功能分配是被动的，外部需求所致；能力分配是主动的，内部驱动所生。在复杂、异质、非结构、非线性数据 / 信息 / 知识中，人的或者是类人的方向性预处理很重要，当问题域被初步缩小范围后，机器的有界、快速、准确优势便可以发挥出来了；另外，当获得大量数据 / 信息 / 知识后，机器也可以先把它们初步映射到几个领域，然后人再进一步处理分析。这两个过程的同化顺应、交叉平衡大致就是人机有机融合的过程。

（二）智慧化协同作战

未来的战争不仅是智能化战争，更是智慧化战争，未来的战争不但要打破形式化的数学计算，还要打破传统思维的逻辑算计，是一种结合人、机、环境各方优势互补的新型计算 - 算计博弈系统。这有点像教育，学校的任务是将知识点教授给学生（有点像机器学习一样），但教育不只是教授知识点，教育应该挖掘知识背后的逻辑，或者是更深层次的东西。例如，我们在教计算时，其实要去想计算背后是什么。我们首先是应该培养学生们的数感，再去教他们计算的概念，什么是加、什么是减，然后教怎么应用，进而形成洞察能力。

在智慧化战争中，协同作战是必要的手段。鉴于核武器的不断蔓延和扩散，国家无论大小，国与国之间的未来战争成本将会越来越高。从某种角度上说，两者既是合作伙伴，又是竞争对手和战略对手（既要防止核、生化、智能武器失控，又要摧毁对方的意志并打败对手）。如果把男性看作力量，把女性看作智慧，那么未来的战争应该是女性化战争，至少是混合式战争。

无论人工智能怎样发展，未来是属于人类的，应该由人类共同定义未来战争的游戏规则并决定人工智能的命运，而不是由人工智能决定人类的命运。究其因，人工智能是逻辑的，而未来战争不仅仅是逻辑的，还存在着大量的非逻辑因素。面对敌军强劲的电磁频谱和网络空间作战能力，各军种之间协同实施多领域作战时，信息通联、指挥控制系统、情报、监视、侦察等各个系统的无缝衔接和协调统一也将是一大考验。

所以，未来战争是将人、机、环境的有效结合，并协同多方领域，形成的智慧化协同作战模式。

五、深度态势感知在智能化战争中的挑战

（一）人机融合问题

从表面上看，各国军事智能化发展非常迅速：百舸争流，百花齐放，百家争鸣，一片热火朝天的景象，实际上，各国的军事智能化进程却都存在着一个致命的缺点，就是没能深入地处理人机融合的智能问题。任何颠覆性科技进步都可回溯到基础概念的理解上，例如人的所有行为都是有目的的，这个目的性就是价值，目的性可以分为远、中、近，其价值程度也相应有大、中、小，除了价值性

因果推理之外，人比人工智能更为厉害的还有各种变特征、变表征、变理解、变判断、变预测、变执行。严格地说，当前的人工智能技术应用场景很窄，属于计算智能和感知智能的前期阶段，不会主动地刻画出准确的场景和情境，而智能科学中最难的就是刻画出有效的场景或上下文，而过去和现代军事智能化的思路却是训练一堆人工智能算法，各自绑定各自的军事应用场景。

一般而言，这些人工智能技术就是用符号、行为、连接主义进行客观事实的形式化因果推理和数据计算，很少涉及价值性因果关系判断和决策，而深度态势感知中的深度就是指事实与价值的融合，态、势涉及客观事实性的数据及信息、知识中的客观部分（如突显性、时、空参数等），简单称之为事实链，而感、知涉及主观价值性的参数部分（如期望、努力程度等），不妨称之为价值链，深度态势感知就是由事实链与价值链交织纠缠在一起的“双螺旋”结构，进而能够实现有效的判断和准确的决策功能。另外，“人”侧重于主观价值把控算计，“机”偏向客观事实过程计算，也是一种“双螺旋”结构。如何实现这两种“双螺旋”结构之间（时空、显著性、期望、努力、价值性等）的恰当匹配，是各国都没有解决的难题。某种意义上说，深度态势感知解决的不仅是人机环境系统中时间矛盾、空间矛盾的突显性，还有事实矛盾、价值矛盾和责任矛盾的选择性。矛盾就是竞争，决策包含冒险。

人机融合智能的优势在于能将人机两者的优势充分融合，然而，人类习惯于场景化的、灵活性的知识表达和多因素权衡、反思性的推理决策，这与机器的数据输入、公理化推理、逻辑决策机制有很大的不同，一旦无法将人机有机融合，两者互相掣肘，反而会降低人机融合智能决策系统的效率。当前，在人机融合的知识表征和决策机制等方面还有很多理论问题亟待解决。

人机融合知识表征方面主要的问题是：缺少能够将传感器数据与指挥员的知识融合，适应实际作战场景的弹性知识库。人类指挥员有完备的军事理论知识，如《战术学》《兵器学》《地形学》等，对于组织准备、下定决心、火力准备以及实时作战行动都有特定的表征习惯。因此，机器如果想要理解指挥员在特定任务场景下的语义表达，需要结合任务、敌情、战术、地形等因素自动分析，形成综合态势判断。不能基于传统的“编程思维”事先穷举所有因素，而是要对战场情况进行“感知、理解和学习”，使知识库具有弹性，能够进行新陈代谢，解决人机战术知识的所指、能指一致性问题。

人机融合决策机制方面主要的问题是：缺少基于人机沟通的个性化智能决策机制。指挥员的风格千差万别，能够实现高效人机协作的智能系统一定是个性化的智能系统。“个性化”的智能系统不是简单的机器对指挥员习惯的适应和迁就，而是应该建立一种人机沟通的框架和机制。系统的决策建议有可能是对指挥员思路的补充，也有可能与指挥员的指挥风格完全相反，通过不断实践获得反馈，人机融合决策能力获得迭代发展，最终实现个性化的辅助决策系统，达到人与机器的最优匹配。

（二）战场中的不确定性问题

著名军事理论家克劳塞维茨认为：战争是一团迷雾，存在着大量的不确定性，是不可知的。这里的不可知是不可预知、不可预测，从现代人工智能的发展趋势来看，可预见未来的战争中存在着很多人机融合隐患仍未解决，具体如下。

（1）在复杂博弈环境中，人类和机器是在特定的时空内吸收、消化和运用有限的信息，对人而言，人的压力越大，误解的信息就越多，也就越容易导致困惑、迷茫和意外；对机器而言，对跨领域非结构化数据的学习、理解、预测依然是非常困难的事情。

（2）战争中决策所需信息在时空、情感上的广泛分布，决定了在特定情境中，一些关键信息仍然很难获取，而且机器采集到的重要客观物理性数据与人类获取的主观加工后的信息、知识很难协调融合。

（3）未来战争中存在的大量非线性特征和出乎意料的多变性，常常会导致作战过程及结果的诸多不可预见性，基于公理的形式化逻辑推理已远远不能满足复杂多变战况决策的需求。

（三）人的问题

“跨域协同”是一个“人的问题”。“多域战”解决“跨域协同”问题的方式方法可以用两个术语来概括：一是聚合（Convergence），即“为达成某种意图在时间和物理空间上跨领域、环境和职能的能力集成”；二是系统集成（Integration of Systems），不仅聚焦于实现“跨域协同”所需的人和流程，还重视技术方案。截至目前，“跨域协同”尚没有承认，当前的系统和列编项目是“烟囱式”的互相独立，跨域机动和火力需要“人”方面的解决方案。随着自动化、机器学习、人工智能等技术的成熟，美军的对手将寻求应用这些技术能力来进一步挑战美国。按照沃克的要求，打破现有的“烟囱式”方案，设计出背后有人机编队做支撑的新方案，是美军的责任。

2020 年 5 月 12 日，美国防务专家彼得·希克曼发表了一篇题为《未来战争制胜的关键在于人》的文章。文章认为，随着战争的性质的不断演变，人工智能将对战争的演变做出重大贡献，但过高估计技术变革的速度和先进技术在未来胜利中所起的作用仍具有风险。过分强调技术将会使竞争对手发现盲点，进而加以利用。追求尖端技术并无问题，但在未来战争中，制胜的关键因素依然是人。

人工智能的迅猛发展、应用广泛，已经成为新一轮科技革命、产业革命的主导因素，成为推进武器装备创新、军事革命进程和战争形态发生变化的核心力量。利用机器辅助指挥员完成指挥决策任务，辅助一旦产生，人和机必然会形成一种依赖关系。未来的智能化战争会是认知中心战，主导力量是智力，智力所占的权重将超过火力、机动力，追求的将是以智驭能。人机融合中的深度态势感知贯穿态势理解、决策、指控等各个环节，在各个环节中起到倍增、超越和能动的作用。

科学的缺点在于否认了个性化不受控、不可重复的真实。所以基于这种科学性的基础上必然会带来一些缺陷。人，尤其是每个人都是天然的个性化不受控、不可重复的主体，你不能说他就是不存在的。从这个角度看，人机融合的实质就是帮助科学完善它的不足和局限。

大数据的优点是受控实验普遍可重复性，如此一来可以寻找共性规律——按图索骥；但是，这也是大数据的一个缺点，容易忽略新生事物——受控实验不可重复部分的出现，表现出刻舟求剑效应。有些受控实验不可重复之真实性也是存在的，但这不在科学范围内。以前是盲人摸象，现在是人机求剑。

未来战场，作战对抗态势高度复杂、瞬息万变，多种信息交汇形成海量数据，仅凭人脑难以快速、准确处理，只有人机融合的运行方式，基于数据库、物联网等技术群，指挥员（人 + 机）才能应对瞬息万变的战场，完成指挥控制任务。随着无人自主系统自主能力的增加，人工智能集群功能的增强，自主决策逐步显现。一旦指挥系统实现不同功能的智能化，感知、理解、预测的时间将会大大压缩，效率明显提高。加上用于战场传感器图像处理的模式识别、用于作战决策的最优算法，将赋予指挥系统更加高级、完善的决策能力，逐步实现人与机的联合作战。

第6章

反人工智能在军事领域的应用研究

人工智能具有技术、社会、法律、伦理和军事等属性相互融合的特征。一方面，它促进了巨大的技术和社会的变革，并深刻影响了军事武器。人工智能已经成为国家战略和新的核心竞争力。另一方面，它可能带来诸多风险和挑战，人工智能可能失控并自主造成伤害的问题同样不容忽视。

目前，世界上任何军事大国都将反人工智能视为未来最重要的军事技术，从而加大对反人工智能武器的投入。美国国防部开始制订总体计划，以建立将反人工智能部署到军队的系统。反人工智能在军事领域的使用正在蓬勃发展，反人工智能设备的广泛使用不仅将对传统战争形式产生重大的变革，还将对军事领导和控制理论产生重大影响。应加快反人工智能在军事领域应用的研究，在研究反人工智能武器和装备期间，还必须确保我们更新和完善针对反人工智能战争条件下的指挥与控制理论。

一、军事领域的反人工智能

人工智能是研究、开发用于模拟、延伸和扩展人的智能的理论、方法、技术以及应用系统的一门新的技术科学。反人工智能则是在人机协同的条件下，从数据、算法、硬件等角度可以反制对手人工智能算法、装备的理论、方法和技术。反人工智能包括让其人工智能失效、误导对方人工智能、获取对方人工智能真实意图，甚至进行反击等。

人工智能和反人工智能的本质是相互博弈。在军事领域使用反人工智能正在催生一种全新的战争形式。尽管在军事领域仍将反人工智能的应用视为未来的现实，但随着反人工智能的发展，反人工智能在军事领域的应用在新世纪的局部战争中已初现端倪。一些反人工智能军事武器已用于实际战斗中，从根本上改变了现代战争的模式和战斗方法。

二、反人工智能的本质

反人工智能的本质是诈与反诈，孙子兵法有云：“兵不厌诈”“以虞待不虞者胜”。不要试图通过来反人工智能发现所有的欺诈行动，要学会辨别真与假，在欺诈的迷雾中前进。

反人工智能处于初级阶段。到目前为止，反人工智能技术的发展经历了两个阶段。最初，大多数反人工智能技术是通过误导或混淆机器学习模型或训练数据，这是一种简单粗暴的方法。但是，由于机器学习模型通常是在封闭环境进行训练的，因此很难获得外部干扰。随着神经网络的发展，对抗神经网络开启了反人工智能技术的第二条技术路线。研究人员可以将基于对抗数据周围的神经网络用于生成反馈数据，使机器学习模型在识别和行动期间做出错误的判断，该方法与机器学习技术相似，可以达到初级反人工智能的效果。

博弈游戏一直是反人工智能领域的重要研究课题。根据是否可以完全了解博弈信息，可以将其细分为完整和不完整的信息集。完整信息集则意味着博弈中的所有参与者都可以完全获得游戏的所有信息，例如在围棋和象棋游戏中，双方都可以完全了解所有的碎片信息和对手的行动计划。不完整的信息集是指参与者无法获得完整的信息，并且只有部分信息可见的事实。例如，在麻将或扑克中，玩家无法控制另一位玩家的分布或手牌，只能根据当前情况做出最优决策。

目前军事领域的反人工智能实践发展迅速，但也存在许多危机。当前，反人工智能只能做一些基础工作，大多数情况下它并不理解这么做的原因，只是因为数据处理的结果告诉它那样做会有最优解。如果反人工智能系统不完全了解其功能或周围环境，则可能会产生危险的结果。特别是在军事战争中，任何事情都可能发生，并不是仅仅靠数据就能完全解决或预测的，此时反人工智能就有可能执行错误的行动，造成难以估计的后果。反人工智能在军事领域的训练数据稍有偏差就有可能埋下安全隐患；如果攻击者使用恶意数据复制训练模式，则将导致军事上实施反人工智能的重大错误。

三、反人工智能的必要性

从军事防守的角度看，有必要研究反人工智能技术。人工智能在各个国家的独立部署和不受管控的因素已注入了不稳定。以机器的速度而不是人的速度做出的决策也增加了机器决策的危机。在持续不断的冲突中，各方使用智能性自主武器，争取开始就获得军事优势，这些军事优势为各方在战斗中提供了强大的战斗力。人工智能及其权利的界定十分困难，即使战略系统稳定，也可能为了避免受到威胁而发动攻击，增加了和平相处中发生意外攻击的概率。有了智能自主武器，在战争筹备中的危险系数提高，智能自主武器可能脱离管控，有意或无意地发起攻击。在军事领域使用人工智能增加了军事的不确定性，使各国感到自身安全受到威胁。

战争中，存在事实真相和价值目标，在事实和价值之间，存在一种可能性，这种可能性是一种空间、时间或单位。战争中固定的目标不会随时间变化很大，并且它的空间变化不大，但是价值相差很大。例如，马赛克是要找到这些事件所重视的物体、时间或空间。AlphaGo 只能谈论事情，不能理解言外之意等。

对手发动侵略的可能性很小，是因为没有危机或者因为没有意外的军事行动。国家的最高级别决策者必须相信存在对一个或多个基本价值观的威胁；准备工作似乎就是威胁的开始，然后一般的威慑在起作用。当两国之间正在酝酿或正在发生战争时，强力的威慑才起作用。在冷战期间，人们对威慑的普遍理解几乎完全是核威慑。美国最希望制止核侵略，核武器威胁是它用来制止这种侵略的最后手段。然而，美国也试图阻止其他对手的所有重大侵略，并发展了强大的常规军事力量来支持其常规威慑。今天，正如在冷战期间一样，美国也拥有威慑战略，旨在遏制对美国领土的侵略和对美国在欧洲和东亚的盟友的侵略。在军事领域中使用反人工智能，可能会导致无法解释的冲突，不恰当的自主行动可能导致意外的升级。智能系统的存在会带来技术事故和故障的机会，特别是当行动者没有安全的保障能力时，事故和误报反过来会影响决策。此外，原本只为防御的反人工智能升级，虽然不是为冲突和攻击的升级，一旦被另其他国家视为升级，可能会升级为大国之间的智能争霸。所以为了防止被人工智能武器意外攻击，有必要加速反人工智能在军事领域应用的研究。

四、美军反人工智能的发展

美军暂时并没有明确地提出反人工智能技术的概念，但是其建立了多项计划都是在向反人工智能在军事领域应用的方向发展。希望能不断优化其人工智能和自主化模型，防御乃至反制对方的人工智能技术。其目前已确立了从“灰色地带”分析对方真实意图，从态势洞察中分析出对方的真实目的等方面发展方向，未来会在可解释性、防战略欺骗等方面加大投资。所以我们需要未雨绸缪，努力推动反人工智能在军事领域的应用。

2017 年，DARPA 发起了机器终身学习项目（M2S），探索类比学习方法在人工智能中的应用，谋求下一代人工智能新的突破口，使它们能够进行现场学习并提高性能。在真实世界的情况而无须进行检查或联网检查。追求独立学习的能力使系统能够适应新情况，而无须事先进行编程和培训。

2017 年 8 月，DARPA 提出“马赛克战”概念，其先进之处在于，不局限于任何具体机构、军兵种或企业的系统设计和互操作性标准，而是专注于开发可靠连通各个节点的程序和工具，寻求促成不同系统的快速、智能、战略性组合和分解，实现无限多样作战效能。

2018 年，DARPA 发布了一个名为“指南针”的项目，通过量化战斗人员对各种攻击来帮助他们了解对方的真实目的。该项目会从两个方面解决问题：首先，它用来确定对手的行动和目标，然后确定计划是否正常运行，例如位置、时间和行动。但是在充分理解它们之前，需要将获取的数据通过人工智能转化为信息，理解信息和知识的不同含义，这是博弈论的开始。然后，在人工智能技术中融入博弈理论，根据对手的真实意图确定最有效的行动方案。

2018 年年初，KAIROS 人工智能项目正式发起。美国军方期望使用 KAIROS 项目来提高位置意识、预警、情报程序和战争情报能力。具体而言，在正常的协调模式下，每个国家都有计划和实施隐藏的战略步骤。在战争期间，不同国家的军事部队采取了不同的策略，KAIROS 项目希望构建能获得“情报背后的情报”的系统，具有更强的监视和预警、情报流程和智能决策功能。

在以上计划的基础上，“不同来源的主动诠释”(AIDA) 项目将探索关键的多源模糊信息数据源的控制，将开发“动态引擎”并为实际数据生成数据。从各种来源获得，对事件、情况和趋势进行了清晰的解释，并加入对复杂性的量化，这意味着破解战争迷雾中潜在的冲突和欺骗。针对欺诈数据和敌对攻击，模拟数据和公开战争数据会创建一个测试站点，以评估机器学习的风险。同时将专注于升级抗干扰的用户机器学习算法并将其融入原型系统中。为了防止敌方干扰我方人工智能，通过可解释人工智能，查看人工智能的执行过程，确保执行的正确性，达到反人工智能的效果。

五、反人工智能与深度态势感知

深度态势感知的含义是:“对态势感知的感知，是一种人机智慧，既包括了人的智慧，也融合了机器的智能 (人工智能)”，是

能指 + 所指，既涉及事物的属性（能指、感觉），又关联它们之间的关系（所指、知觉）；既能够理解弦外之音，也能够明白言外之意。它基于 Endsley 对主题情况的理解（包括用于输入、处理和输出）。它是对系统趋势的全球分析，其中包括人、机器（对象）、环境（自然、社会）及其关系。两种反馈机制，包括国内和全球的定量预测和评估，包括自我组织、自我适应，另一组织和相互适应，分别是等待选择的自治和自治系统 - 预测性选择 - 监控调整信息的效果。

数据驱动的人工智能大多都可归结为一个最优化问题，例如，有监督的分类判别学习就是要使分类器在代表的训练数据上取得某个最小的错误率。一般我们会假设，训练数据可以适当地反映出总体分布，否则训练出来的分类器的泛化能力就很值得怀疑。然而在实践中，人们很少去检验这个假设是否成立，尤其在高维样本的情况下，数据在空间中的分布相对稀疏，假设检验难以实现，“维度诅咒”则司空见惯。

不知道总体分布如何，不了解数据的产生机制，也不确定观测样本是否“有资格”代表总体，在此前提下，即便有大量的样本训练学习机器，总难免会产生偏差。所以纯数据驱动的机器学习总是包含一定的风险，特别地，当我们对数据的产生机制有一些先验知识却受限于机器学习方法而无法表达时，我们对模型缺乏可解释性和潜在数据攻击的存在的担忧就会进一步加剧。无论模型的好坏，我们都不知道其背后的原因，对模型的泛化能力、稳健性等也都无法评价。所以人类的思维应位于数据之上，尤其是因果关系（不但是事实因果关系，更重要的是价值因果关系）的理解应该先于数据表达。

近期更深入的研究进展主要是因为计算能力的提高。例如，深度学习是对人工神经网络的延续和深化，其计算能力将基于数据的算法推向了更高的层次。人们认为数据中可以解答所有难以理解的问题，并且可以通过智能数据挖掘技术加以证明。

数据很重要，但不能作为决策的唯一原因（不少数据还会起到干扰作用）。这些具有知识或经验的“原因”模型对于帮助机器人从人工智能过渡到人工智能在军事领域的应用至关重要。大数据分析和基于数据的方法仅在民用预测可用。在军事上应用反人工智能需要干预和不合逻辑的行动，从而使机器具有更符合预期的决策。“干预使人和机器从被动观察和诉诸因果推理的主动探索中解脱出来”扩大了想象空间，从而克服了现实世界的迷雾。

反人工智能在因果推理的基础上，对战场进行深度态势感知，其不仅仅是信息的获取和处理，军事反人工智能还可以去伪存真，利用对方人工智能处理结果的分析，从对方想要掩盖的信息中，获取对方的真实目的。在“灰色地带”，人工智能无法处理的地方，反人工智能可以利用先验知识结合当时情况下的态势感知做出最优的解决方案。

六、反人工智能与人机融合

人机融合的飞速发展被定义为：人机系统工程，即人机，是研究人、设备和环境系统之间最佳匹配的系统，涉及集成、性能、管理和反馈。系统的总体设计的研究目标是人机环境以及优化和可视性，是安全、健壮、和谐和整个系统的有效协调。

智能系统的关键在于“恰到好处”地被使用，人类智能的关键在于“恰到好处”地主动预值——提前量，人机融合智能的关键在于“恰如其分”地组织“主动安排”和“被动使用”序列。算计里有算有计，可以穿越非家族相似性。计算就是用已获取到的数据算出未知数据，算计就是有目的的估计。计算是以有条件开始的，算计是以无条件开始的。所有的计算都得使用范围内共识规则推理，算计则不然，它可以进行非范围内非共识规则想象。计算的“算”是推理，算计的“算”是想象，计算的“计”是用已知，算计的“计”是谋未知，数据是人与计算机之间自然交互的重要点。英国学者蒂姆·乔丹指出：“海量的信息反而导致无法有效使用这些信息。在以下两种情况下发生：首先，有一些无法吸收的信息；其次，信息的组织性很差，因此找不到特定的信息。”

未来反人工智能系统，至少是人机环境系统的自主融合的智能系统。计算意味着信息流包括输入、处理、输出和反馈。反人工智能的主要发展目标之一是人机混合智能。目前强人工智能、类人人工智能和通用智能离我们很远，最终执行的是人和计算机的融合智能。人机融合智能将学习如何实现最佳的人机配合。就人机环境系统的设计和优化而言，识别计算机和机器设计的能力非常复杂。通常，它涉及两个基本问题，其中之一是人为意图和机器意图融合。所谓意向是意识的方向。机器很难处理任何可以更改、反转或相反的内容，但是机器的优势在于它可以 24 小时不停歇，随意扩展存储空间，易于计算并且可以形式化和象征性。 人和机何时以及如何进行干预并相互反应？在多种约束条件下，时间和准确性变得十分重要。因此，如何充分整合机器算力和人脑认知是人机融合智能中非常重要的核心问题。

同时，军事反人工智能的另一个关键点在于，计算越精细准确，越可能被敌人利用。敌人通过隐真示假，进行欺骗，所以人机有机融合十分重要，因为人机融合智能是一个复杂的领域，而不是单一学科。反人工智能的环节可以包括输入、处理、输出、反馈、综合等。在输入环节，我们需要拆分、合并和交换数据、信息和知识，使对方无法获取有用的信息，同时带给对方一定的误导。在处理环节，要阻断信息处理，使其内部处理非公理与公理分歧化，使其对信息的处理不知所措。在输出环节，要让对方人机融合的过程中，直觉决策与逻辑决策区别化，使其产生不信任感，迷惑对方的最终决策。在反馈环节，要使其反思、反馈悖论化，使其对反馈的信息感到迷惑乃至拒绝，让其无法进一步吸收之前的案例信息。在综合阶段，要使对方情景意识、态势感知矛盾化，在信息汇总、综合阶段，使其对更高层次的信息，无法理解乃至相互矛盾，达到不战而屈人之兵的效果。

为了解决将人机集成到军事态势感知中的问题，必须首先打破不同感官的惯性，打破传统的时间关系，包括地图、知觉、知识地图和状态图。对于人类而言，机器是自我发展的工具，也是自我认知的一部分。通过机器的优势了解自己的错误，通过机器的错误了解个人的能力，然后进行相互补偿或提高。由于缺乏二元论，人机混合尚不被大部分人认可。如今，越来越多的人机交互在不断优化，尽管这并不令人满意，仍然存在差距，但未来值得期待的是人们在制造机器同时也会在发现自己。

目前，反人工智能和人机融合的开发仍处于起步阶段。集成反人工智能和人机交互的第一个也是最重要的问题在于如何将机器的反人工智能功能与人机智能相集成。在应用阶段，人机混合物中人机力量的分布很明显，因此不会产生有效的协同作用。人类继续在所进行的学习中扩展其认知能力，以便人类能够更好地理解复杂环境中不断变化的情况。由于联想能力，人们可以创建跨域集成的能力，而认知能力却与人工智能思考背道而驰。激活类人的思考能力的方法是实现反人工智能与人机之间集成的突破。朱利奥·托诺尼（Giulio Tononi）的综合信息理论指出，智能系统必须快速获取信息，同时，能够进行认知处理的机器的发展需要人与机器之间的集体意识。因此，必须在人与机器之间建立快速、有效的双向信息交互，双向信息交互的基础是抽象信息。对于计算机，具有抽象地定义物质的限制性环境的能力。表示越抽象，它越能适应不同的情况。同时，高水平的无形能力也将转化为普遍的迁徙能力，从而越过了人类思想极限。

七、反人工智能的方法策略

通过评估各国反人工智能计划在军事上的潜力和各国提供的反人工智能实施解决方案的系统级别，以评估在设计、开发、测试或使用过程中应考虑的所有影响，主要包括培训数据、算法和系统管理，这些数据是在测试后引入的，以监视现场行为并将系统与其他人机交互过程集成以控制攻击。评估每个国家的新作战思路，除了了解系统级别的情况之外，还应该了解基于反人工智能的决策过程，如何控制决策以及使用反人工智能和自主战斗概念是否会导致错误并随时自我升级。

在基于其他作战或战略战争场景的情况下，反人工智能战争模拟是更好地了解智能战争的特别有效的工具。 在某个地理区域进行模拟战争以检测战斗能力。场景越多，对手和盟友越多，推论就可能导致不同的结果。

深入研究对手的自主系统及其对自主系统的使用，这不仅是要了解自己的系统，而且还要了解对手的能力。了解和理解反人工智能和如何使用的自主系统和概念都很重要，旨在改善与其他国家或地区的互动，以便规划者可以更好地预测对手的决策。

对于不同的人工智能攻击的操控者都在努力寻找机会获得最高回报。我们可以增加其攻击的成本，降低其攻击成功的收益，以减弱攻击者对他们的兴趣。随着组织的网络安全计划日渐成熟，他们的攻击价值将会降低。任务自动化和恶意海量攻击进一步降低了屏障安全系数，使得攻击者更容易进入并执行操作。因此，反人工智能可以着重防御降低攻击量。在充满挑战的军事战争中，反人工智能技术需要缩短攻击者保持匿名和与受害者保持距离的能力，从而降低反侦察难度。反人工智能作为防御者，必须做到 100%成功地阻止攻击，而攻击者只需成功一次即可。组织必须专注培养正确的能力，并打造一支团队来利用流程和技术降低这种不对称性。

虽然反人工智能和自主化正在降低可变性、成本，提高规模并控制错误，但攻击者还可以使用人工智能来打破平衡，从而占据优势地位。攻击者能够自动操作攻击过程中资源集约度最高的元素，同时避开针对他们部署的控制屏障。所以我们需要反人工智能做到迅速地扫描漏洞，比攻击者更快地发现并弥补漏洞，防止攻击者以此为突破口集中力量进行攻击。

应对人工智能攻击的风险和威胁格局变化的一种简单对策是实行高压的安全文化。防御团队可以采用基于风险的方法，确定治理流程和实质性门槛，让防御的领导者知晓其网络安全态势，并提出合理举措进行不断改善。使用反人工智能等技术来改善运营和技术团队的安全性操作，可以获得更多的后勤支持。例如，通过反人工智能实现资源或时间集约型流程的自主化，大大减少完成常规安全流程所需的时间。对防御团队来说，安全流程效率提高减少了后续安全规定中容易出现的摩擦。反人工智能技术的发展将带来更多机会，以改善战争安全，保持风险与回报间的平衡。

八、建议

如果军事机械化、自动化和信息化改变了战争的“态”和“感”，那么在军队中使用反人工智能可能会改变“势”和“知”，并改变未来关于战争和“边界意识”的“知识”。与传统的“态势感知”相比，它会更深入、更全面，形成一种深刻的态势意识，它是一种军事情报的形式，它融合了人类机器的环境系统。它的主要特征是：人机协同更快、更协作、更不安全、更不自治、更透明、更具威胁性等，因此在边界上，它必须在更多条件和限制下越来越清晰。双方协议更加及时有效。用军事态势感知固有局限性和人机的外部局限性来衡量，这一共识的主要结论是：在对抗中，无论是战术上还是战略上，人们都必须参与其中并应对智能武器等问题，在无数军事应用中，人和机必须同时处于系统之中。

反人工智能武器的应用，一方面在精准打击、减少人力成本、增加作战灵活性和预防恐怖袭击等方面具有巨大优势，另一方面又面临着破坏国际人道主义、引发军备竞赛等挑战和威胁。从全球范围来看，该问题的解决需要各国携手共进、共商共治。

同时要重视完善军事反人工智能算法标准，反人工智能技术的军事应用与社会应用是存在区别的，反人工智能在应用与民用领域时，其所需的训练数据非常丰富，应用的场景也相对固定，相关算法能够较好地发挥作用，但是在军事领域，特别是实战过程中，由于战场环境的复杂性、对抗性，以及作战战术的多变性，反人工智能系统所需的训练数据较难获得，相关算法的使用效果也会打折扣，这是反人工智能技术在军事应用过程中必须要面对和解决的问题。与此同时，相关军用标准的制定必须跟得上反人工智能技术的军事应用步伐，以确保反人工智能技术能够满足军事领域的功能性、互操作性和安全性需求，最大限度地优化反人工智能技术在军事领域的应用效果。

第7章

深度态势感知

从某种意义上说，人类文明是一个人类对世界和自己不断认知的过程。如果要从头说起人工智能，我们也要从头说起人类历史，以及人类的知识获取方式的发展历程。所谓认知，就是对有用的数据——信息进行采集过滤、加工处理、预测输出、调整反馈的全过程。纵观人类最早的美索不达米亚文明（距今 6000 多年）、古埃及文明（距今 6000 年左右）及其衍生出的现代西方文明的起源——古希腊文化（距今 3000 年左右）。其本质反映的是人与物或者说客观对象之间的关系，这也是科学技术之所以在此快速发展的文化基础；而古印度所表征的文明中常常蕴涵着人与神之间的信念；时间稍晚的古代中国文明是四大古文明中唯一较为完整地绵延至今的文化，其核心是人与人、人与环境之间的沟通交流，这也许正是中华文明之所以持续的重要原因。

纵观这些人、机（物）、环境之间系统交互的过程，认知数据的产生、流通、处理、变异、卷曲、放大、衰减、消逝是无时无刻不在进行着的……如何在这充满变数的过程中保持各种可能的稳定与连续呢？为此人们创造了众多理论和模型，使用了许多工具和方法，试图在自然与社会的秩序中找到有效的答案和万有的规律。直至近代，16 世纪哥白尼的“日心说”让宗教的权威逐渐转让给了科学，从此数百年来，实验和逻辑重新建构了一个完全不同的时空世界，一次又一次地减轻了人们的生理负荷、脑力负荷，甚至包括精神负荷……

随着科学思想的不断演化，技术上也取得了长足的进步，系统论、控制论和信息论的“老三论”尚未褪色，耗散结构论、协同论、突变论等“新三论”便粉墨登场，电子管、晶体管、集成电路还未消逝，纳米、超算机、量子通信技术更是跃跃欲试，20 世纪约 40 年代诞生的人工智能思想和技术就是建立在这些基础领域上而涌现出的一个重要前沿方向。但是由于认知机理的模糊、数学建模的不足、计算硬件的局限等原因，使得人工智能一直不能快速地由小到大，由弱变强。从目前了解到的数学、硬件等研究进展上看，短期内取得突破性进展将会很难，所以如何从认知机理上打开突破口就成了很多科学家的首选。本章旨在对深度态势感知进行初步的介绍与述评，以期促进该理论在国内的研究与应用。

一、深度态势感知：理论缘起

2013 年 6 月，美国空军司令部正式任命 Mica R. Endsley 这位以研究态势感知而著名的女科学家为新一任美国空军首席科学家，这位 1990 年毕业于南加州大学工业与系统工程专业的女博士和她的上一任 Mark T. Maybury 都是以人机交互中的认知工程为研究方向，一改 2010 年 9 月以前美国空军首席科学家主要是以航空航天专业或机电工程专业出身的惯例。这种以认知科学为专业背景任命首席科学家的局面在美军其他兵种当中也相当流行，这也许意味着，在未来的军民科技发展趋势中以硬件机构为主导的制造加工领域正悄悄地让位于以软件智慧为主题的指挥控制体系。

无独有偶，正当世界各地的人工智能、自动化等专业认真研究态势感知技术之时，全球的计算机界正努力分析上下文感知（Context Awareness，CA）算法，语言学领域对于自然语言处理中的语法、语义、语用等方面也非常热衷，心理学科中的情景意识也是当下讨论的热闹之处，西方哲学的主流竟也是分析哲学。分析哲学是一个哲学流派，它的方法大致可以划分为两种类型：一种是人工语言的分析方法；另一种是日常语言的分析方法。当然，认知神经科学等认知科学的主要分支目前的研究重心也在大脑意识方面，试图从大脑的结构与工作方式入手，弄清楚人的意识产生过程。

人们现在生活在一个信息日益活跃的人 - 机 - 环境（自然、社会）系统中，指挥控制系统自然就是通过人机环境三者之间交互及其信息的输入、处理、输出、反馈来调节正在进行的主题活动，进而减少或消除结果不确定性的过程。

针对指挥控制系统的核心环节，Mica R. Endsley 提出动态决策态势感知模型，具体结构如图 7-1 所示。

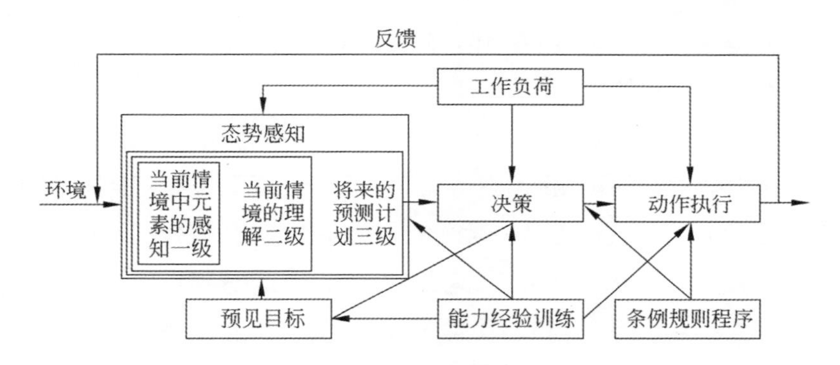

图 7-1　动态决策态势感知模型（Endsley，2000）

该模型中态势感知被分成三级，每一阶段都是必要但不充分地先于下一阶段，该模型沿着一个信息处理链，从感知通过解释到预测规划，从低级到高级，具体为：第一级是对环境中各成分的感知，即信息的输入。第二级是对目前的情境的综合理解，即信息的处理。第三级是对随后情境的预测和规划，即信息的输出。

一般而言，人、机、环境（自然、社会）等构成特定情境的组成成分常常会发生快速的变化，在这种快节奏的态势演变中，由于没有充分的时间和足够的信息来形成对态势的全面感知、理解，所以准确对未来态势的定量预测可能会大打折扣，但应该不会影响对未来态势的定性分析。大数据时代，对于人工智能系统而言，如何在充分厘清各组成成分及其干扰成分之间的排斥、吸引、竞争、冒险等逻辑关系的基础上，建立起基于离散规则和连续概率，甚至包括基于情感和顿悟的、反映客观态势的定性、定量综合决策模型显得更为重要，简言之，不了解数据表征关系（尤其是异构变异数据）的大数据挖掘是不可靠的，建立在这种数据挖掘上的智能预测系统也不可能是可靠的。

另外，在智能预测系统中也时常面对一些管理缺陷与技术故障难以区分的问题，如何把非概念问题概念化？如何把异构问题同构化？如何把不可靠的部件组成可靠的系统？如何通过组成智能预测系统之中的前 / 后（刚性、柔性）反馈系统把人的失误 / 错误减到最小，同时把机和环境的有效性提高到最大？对此，1975 年计算机图灵奖及 1978 年诺贝尔经济奖得主西蒙（H. A.Simon）提出了一个聪明的对策：有限的理性，即把无限范围中的非概念、非结构化成分可以延伸成有限时空中可以操作的柔性的概念、结构化成分处理，这样就可把非线性、不确定的系统线性化、满意化处理。不追求在大海里捞一根针，而只满意在一碗水中捞针。进而把表面上无关之事物相关在了一起，使智能预测变得更加智慧落地。

但是在实际工程应用中，由于各种干扰因素（主客观）及处理方法的不完善，目前态势感知理论与技术仍存在不少缺陷。

构建和维护态势感知对于许多不同工作和环境中的人来说可能是一个困难的过程。飞行员们报告说，他们的大部分时间一般都花在努力确保他们对发生的事情的心理描述是实时、准确的。对于许多其他领域：那些系统复杂且必须处理大量实时信息，信息快速变化以及难以获得的领域，可以说同样如此。

二、态势感知的敌人

良好的态势感知具有挑战性的原因可以归结于人类信息处理系统的特征和复杂领域的特征两方面，其互相作用形成了“态势感知恶魔”。“态势感知恶魔”是在许多系统和环境中破坏静态感知的因素。弄明白这些恶魔，人们将迈出第一步，为面向态势感知的设计奠定基础。我们将讨论八个主要的“恶魔”：注意的隧道效应；无法避免的记忆瓶颈；工作负荷、焦虑、疲劳和其他压力（WAFOS）；数据过载；错位；复杂性；错误的心理模型；人不在系统中的综合征。下面分别进行介绍。

（一）注意的隧道效应

复杂领域中的态势感知包含了对环境中多方面情境的感知。例如，飞行员必须时刻把握他们在空间中的位置、飞行器系统的状态、湍急的气流对乘客舒适性和安全性的影响，围绕它们的其他交通以及空中交通管制指示和许可等。空中交通管制员必须同时监控许多不同的飞机之间的间隔，在任何一个时刻有多达 30 或 40 架飞机在他们的控制下。管制员还需要处理管理飞机流和飞行员请求的必要信息，并跟进管理寻求进入或离开他们的空域的飞机。再例如，一个库存车司机必须监视发动机的状态、燃料状态、轨道上的其他车以及维修人员的信号。

成功的态势感知高度依赖于对环境不同侧面的持续处理。有时，为了执行一个或多个任务需要同时处理多个信息片，例如，在驾驶的同时监控路况和为了了解交通状况监控电台信息。这就是所谓的注意分享。人们在注意分享方面面临着诸多的瓶颈，特别是在单一形式下，如视觉或声音，因此它只能发生在有限的范围内。

由于不能同时访问所有所需的信息，人们还建立了系统的扫描或信息采样策略，以确保能够一直掌握着事件的最新信息。一次对所需信息的扫描可能发生在数秒或几分钟内，如飞行员和空中交通管制员的例子。也可能发生在几个小时内，如发电厂电力管制员在一天内需要记录数百个不同的系统的状态。

在所有这些情况下，和系统任何级别的复杂性下，良好的态势感知高度依赖于不同的信息源之间的注意切换。不幸的是，人们往往会陷入一种被称为注意力变窄或隧道效应的现象。当他们屈服注意的隧道效应，他们的注意被锁定在他们所试图处理的环境的某种特定的方面或特征之中，将有意或无意放弃他们的扫描行为。在这种情况下，在他们集中注意力的环境部分他们的态势感知可能非常好，但是在他们放弃注意的部分将很快变得过时。

在许多情况下，人们会相信，这有限的集中是好的，因为在他们的意识中他们所关注的侧面是最重要的。在其他情况下，他们只专注于某些信息而忘记恢复其信息扫描的行为。这两种情况都可能导致态势感知的严重缺失。事实是，至少对广泛现状的高层次理解，是能够知道某些因素确实比其他人更重要的一个先决条件；否则，在态势感知方面关键的因素往往是被忽视的。

注意的隧道效应最著名的例子。美国东方航空公司的飞机坠毁在佛罗里达大沼泽地，机上人员全部遇难。三名机组人员均专注于指示灯的问题，忽视了监控飞机的飞行路径，其结果是，没有正确设置自动驾驶。

虽然后果并不总是那么严重，这个问题实际上是相当普遍的。最常见的类型的态势感知故障是：所有所需的信息都得到了展现，然而却没有受到监控态势的人的重视。在研究飞机和空中交通管制事故的过程中，琼斯和恩兹利发现所有态势感知误差在 35% 以内。虽然各种因素会导致这个问题，但最经常发生的情况是，人们只是简单地专注其他任务相关的信息，失去了对情境的重要方面的态势感知。

注意的隧道效应不只是航空领域的问题。在许多其他的领域都必须提防它。从手机到计算机导航系统的使用，随着更多的技术使用在汽车上，出现了一个重要的问题，注意隧道正在培育其丑陋的开端。一项研究表明，开车使用手机的风险是不用手机的四倍，它的出现和手机是否是手持没有关系。问题不在于物理干扰的作用，而在于注意力分散。频繁地在这些设备和驾驶任务之间进行注意切换，是一个挑战。同样，更多的技术使用，如头盔式显示器，可能会导致士兵注意力变窄的问题，使他们专注于显示器上，而忽视了周围的是什么。未来的设计的努力，不管是在这种领域还是其他领域，需要明确地考虑这种注意的隧道效应的影响，并采取措施以抵消它。

（二）无法避免的记忆瓶颈

人类记忆仍然是态势感知的中心部分。在这里，我们不是指长期记忆，也就是从遥远的过去记忆的信息或事件的能力，而是短期或工作记忆。这可以被认为是一个中央存储库，具有把当前情况汇集到一起和把所发生的事情加工成一幅有意义的图片的功能（由长期记忆中形成的知识和当前的信息输入共同构成）。记忆存储本质上是有限的，Miller 正式探讨了这个问题，人们的工作记忆空间可以容纳大约七块加上或减去两块（相关报道）信息。这对态势感知有很重要的含义。虽然人们可以提升对应的能力来在记忆中存储相当多的态势信息，通过使用一种叫作“信息块化”的处理过程，本质上工作记忆是一个存储信息的一个有限的缓存。态势感知失败可能会导致在该缓冲区空间不足，随着时间的推移，缓冲区的信息自然的衰减。有了经验，人们就学会了凝聚或组合多个信息成更紧凑和易于记住的块。所以，例如，空中交管制员不需要跟踪 30 个不同的飞机，但也许是五六个不同的组的相关的飞机，这样认知更易于管理。随着时间的推移，丰富的环境心理模型的建立有助于提高人们形成有意义的信息块的能力，为了更高效的存储。

即使如此，信息也不会无限期地停留在这个内存中。除非人们积极工作，以保持其存在（例如，重复或重复看见的信息），它会迅速从记忆中消失。抽象信息发生这种损失可能会很快，差不多20~30秒（例如，电话号码或航空器呼号），如果连接到其他信息或精神长期记忆模型，信息可能仍然可以保留一段时间。

对于态势感知，记忆起着至关重要的作用。情境的许多特征可能需要驻留在内存中。当人在环境中扫描不同的信息，以前访问的信息必须记住，来与新的信息相结合。听觉信息也必须记住，因为它通常不能像视觉显示那样可以重新访问。在许多系统中，鉴于态势感知要求的信息的复杂性和容量，内存限制会造成一个显著的态势感知“瓶颈”这件事并不奇怪。

在许多情况下，严重依赖于一个人的记忆表现的系统可能会发生严重的错误。一个重大的飞机事故发生在洛杉矶国际机场，一个工作负担很重的空中交通管制员忘记了将一架飞机移动到一个跑道上，并指定另一架飞机降落在同一跑道上。她看不到跑道，不得不依靠记忆来描述发生在那里的事情。

在这样的情况下，一个人很容易会发生失误。一个更合理的处理方法是归咎于系统的设计，需要过分依赖于一个人的记忆。令人惊讶的是，许多系统都是这样做的。飞行员必须经常记住复杂的空中交通控制指令，司机试图记住口头指示，机器将记住的容忍限度和在系统发生的其他行为，与军事指挥官必须吸收和记住不同的士兵在战场上的哪个位置，他们都是基于源源不断的无线电信息。在这些情况下，态势感知是非常痛苦的，记忆失误也是必然发生的。

（三）工作负荷、焦虑、疲劳和其他压力

在许多环境中，态势感知受到情境的考验是必需的。在许多情况下，人们可能感受到相当大的压力或焦虑，它可以发生在战场上或办公室。可以理解的是，当自己的幸福受到威胁时，压力或焦虑可能是一个问题，但也包括自尊、职业发展或高度后果事件（例如，生命受到威胁）等因素。其他重要的心理压力因素包括时间压力、精神工作量和不确定性。

压力源可以是物理性质的。许多环境具有高水平的噪声或振动，过热、过冷或者光线不足。身体疲劳和对抗一个人的昼夜规律也可能是许多人的主要问题。例如，长途飞机的飞行员通常需要长时间和夜间飞行。士兵经常被要求在少量睡眠和大量体力劳动后发挥作用。

这些压力源中的每一个可以显著消耗态势感知。首先，它们可以通过占用它的一部分来减少已经受限的工作记忆。更少的认知资源可以用来处理和保持记忆中的信息，这些信息是形成态势感知的要素。由于依赖工作记忆可能是一个问题，所以诸如这些的压力因素只会加剧问题。第二，人们在压力下有效地收集信息的能力较差。人们可能较少关注外围信息，在扫描信息时变得更加混乱，并且更

可能屈服于注意的隧道效应。人们更有可能在不考虑所有可用信息（称为过早关闭）的情况下做出决定。压力源会使接收信息的整个过程不太系统化并且更容易出错，进而破坏态势感知。

显然，这些类型的压力源可以多种方式破坏态势感知，并且应该在可行的情况下避免或设计出操作情况。不幸的是，这并不总是可能的。例如，一定程度的个人风险将永远发生。通过设计系统支持高效地获取所需信息以维持高水平态势感知更为重要。

（四）数据过载

数据过载是许多领域中的一个重要问题。数据变化的快速速率产生了对信息摄取的需要，其迅速超过人的感觉和认知系统提供需求的能力。由于人们每次只能接收和处理有限数量的信息，所以可能发生态势感知的显著缺失，人类的大脑成为瓶颈。

这个“恶魔”，很容易理解，对态势感知产生了重大挑战。如果存在比可处理的更多的听觉或视觉消息，那么个人的态势感知将快速过时或包含空白，这些空白可能是形成所发生的精神图像的重要障碍。

虽然很容易将这个问题看作人们不适合处理的自然事件，但实际上它通常是在许多系统中处理、存储和呈现数据的模式。在工程术语中，问题不是体量，而是带宽，由人的感觉和信息处理机制提供的带宽。虽然我们不能大量的改变通道的大小，但是可以提高数据流过通道的速率。

混乱的数据流经管道的速度非常缓慢。如以文本流形式呈现的数据通过管线移动的速度比图形化要慢得多。通过设计以增强态势感知，可以消除或至少减少数据过载的显著问题。

（五）错位

真实世界中许多信息片段会在人的注意上产生竞争。对于司机，这可能包括广告牌、其他司机、道路标志、行人、拨号盘和仪表、收音机、乘客、手机对话和其他车载技术。在许多复杂的系统中，类似地会出现许多系统显示、警报，以及争取注意的无线电或电话呼叫的情况。

人们通常会试图寻找与他们的目标相关的信息。例如，汽车驾驶员可以在竞争的标志和物体中搜索特定的路牌。然而，同时，驾驶员的注意力将被高度突出的信息所捕获。某些形式的信息的完整性和显著性，在很大程度上取决于其物理特性。感知系统对某些信号特性比其他信号特性更敏感。因此，例如，红色、移动的物体，闪烁的灯比其他特征更容易捕获人的注意。类似地，较大的噪声、较大的形状和物理上较近的物体容易捕捉人的注意力。这些通常是可以被认为对进化生存有着重要作用，并且可以被感知系统很好地适应的特征。有趣的是，一些信息内容，例如听证人的姓名或词“火”

也可以具有相似的突出特征。

这些天然突出特性可用于促进态势感知或阻碍它。使用时，如运动或颜色的属性可以用于引起对关键和非常重要的信息的注意，并且因此用于设计以增强态势感知的重要工具。不幸的是，这些工具经常被过度使用或不适当地使用。例如，如果不太重要的信息在显示器上闪烁，则使人注意力分散，干扰对更重要的信息的关注。一些空中交通管制显示器就是这样，闪烁系统认为发生冲突的飞机信号,吸引管制员的注意力。如果飞机真的在冲突,这将是一件好事。但是，错误的警报是常见的：当控制器已经采取行动来分离飞机或飞机已经计划在某一点转弯或爬升使它们脱离冲突时的情况，使用高度突出的提示（闪光灯）会产生不必要的干扰，这可能导致操控员处理其他信息的态势感知能力下降。

在许多系统中，闪烁的灯光、移动的图标和明亮的颜色被过度使用。这产生了拉斯维加斯大道现象。有这么多的信息提请注意，很难将其中任何一个处理好。大脑试图阻止所有竞争信号，以便在该过程中使用重要的认知资源来处理期望的信息。

虽然自然世界中物体的显著性难以控制，但在大多数工程系统中，它完全可以由设计者掌控。不幸的是，在许多系统中，灯光、蜂鸣器、警报和其他信号经常主动地引起人们的注意，误导或是把它们淹没在信号中。不太重要的信息可以不经意中看起来更重要。例如，在一个飞行器显示器中围绕飞行器符号的位置绘制大的不确定性环，其位置是从低可靠性传感器数据确定的。这导致了将飞行员的注意力引向这种较不确定的信息，并且使得它看起来比基于更确定显示的其他飞行器的信息更重要，因此当他们实际上需要相反效果时具有更小的圆圈的非预期结果。错位的突出是系统设计中需要避免的重要态势感知恶魔。

（六）复杂性

与数据过载相关的是复杂蠕变的恶魔，特别是复杂性在新系统开发中的泛滥。许多系统设计者通过特性升级的实践不知不觉地释放复杂性。电视、录像机甚至电话具有这么多特征，人们很难形成并保持系统如何工作的清晰的心理模型。研究表明，只有 20%的人能正确操作他们的录像机。在消费产品使用中，这可能导致消费者的烦恼和沮丧。在关键系统中，它可能导致悲剧的发生。例如，飞行员报告称：在理解飞机上的自动飞行管理系统正在做什么以及下一步将做什么方面，存在着重大问题。甚至对于使用这些系统已有多年的飞行员，这个问题也持续存在。

这个问题的根源是，复杂性使人们很难形成这些系统如何工作的足够的内部表示。管理系统的规则和分支越复杂，则系统复杂度就越高。

复杂性是一个微妙的态势感知恶魔。虽然它可以减弱人们获取信息的能力，但它主要是破坏正确解释所提供信息并预测可能发生的事情的能力。它们不会理解情境的所有特征，将决定一些新的和意想不到的行为，或系统程序中的细微差别将导致它以不同的方式工作。应该指出系统发生的事情的提示将被完全误解，因为包括系统全部特征的内部心理模型将不充分地建立。

虽然训练通常被规定为这个问题的解决方案，但现实是随着复杂性的增加，人们在不经常发生的情况下对系统行为的经验不足的机会更大，但是需要更多的训练来学习系统，并且将更容易忘记系统的细微差别。我们将在第 8 章解决在设计态势感知时克服复杂性的问题。

（七）错误的心理模型

心理模型是在大多数系统中建立和维护态势感知的重要机制。它们形成了一个关键的解释机制，用于获取信息。它们告诉一个人如何组合不同的信息，如何解释信息的重要性，以及如何对未来发生的事情做出合理的预测。然而，如果使用不完全的心理模型，则可能导致糟糕的理解和预测。甚至更隐蔽地，有时错误的心理模型可能用于解释信息。例如，习惯于驾驶某种飞行器的飞行员，由于使用对于先前飞行器正确的心理模型，可能会错误地解释新飞行器的信息显示。当重要线索被误解就会发生事故。同样，当患者被误诊时，医生可能会误解患者的重要症状。新症状将被误解以适应早期诊断，严重延迟正确的诊断和治疗。模式错误是一个特殊的例子，就是人们认为系统是在一个模式下，其实它运行在另一个模式下，从而导致人们误解信息。

模式错误是存在多种模式的许多自动化系统中的重要关注点。例如，已知导航员误解显示的下降率信息，因为他们认为处于一种下降速率为米 / 分钟模式，而实际上它们处于另一种模式，其中以度为单位显示。

错误的心理模式恶魔具有很强的隐蔽性，它也称为表示错误，人们很难意识到他们是在一个错误的心理模型的基础上工作，并突破它。对于空中交通管制员的一项研究发现，即使已经有非常明显的线索，已经激活的错误心理模型在 66% 的时间内也不会被检测和解释。人们倾向于避开那些冲突的线索去解释，以适应他们选择的心理模式，即使这种解释是牵强的，因此很难发现这些错误（如果有的话）。这不仅导致糟糕的态势感知，还导致人们在基于冲突的信息的基础上难以检测和校正他们自己的态势感知错误。

因此，避免导致人们使用错误的心理模型的设计是非常重要的。自动化模式的标准化和有限使用是可以减少这种错误发生的关键。

（八）人不在环综合征

自动化引发了最终的态势感知恶魔。虽然在某些情况下，自动化可以通过消除过多的工作负载来帮助态势感知，但是在某些情况下它也会降低态势感知。 许多自动化系统带来的复杂性以及模式错误，即当人们错误地认为系统处于一种模式时而实则不然，都是与自动化相关的态势感知恶魔。此外，自动化可以通过使人离开环路来破坏态势感知。在这种状态下，它们对自动化如何执行以及自动化应该控制的元件的状态产生糟糕的态势感知。

1987 年，一架飞机在底特律机场起飞时坠毁，导致除一人外所有乘客死亡。 对事故的调查表明，自动起飞配置和警告系统已经失败。飞行员没有意识到他们在起飞阶段错误配置襟翼和缝翼，并不知道自动化系统没有像预期一样支持它们。虽然任何事故的原因都是复杂的，但这是由于自动化方法让人离开控制系统功能的循环，导致一个态势感知错误的例子。

当自动化良好运行时，处于环路之外可能不是问题，但是当自动化失败或更频繁地处于设备没有设计处理方案不能处理的情况时，不在环中的人往往不能检测到问题，正确解释所提供的信息，并及时干预。这一问题的根本原因和解决方案将在第 10 章中进一步阐述。随着从厨房设备到发电厂的各种自动化辅助工具的增加，适当的自动化设计，以避免人不在环综合征是关键。

来自人类信息处理的固有限制和许多人为系统特征的陷阱可能破坏态势感知，传统的态势感知理论对此少有涉及。设计支持新的态势感知体系需要考虑这些态势感知问题，尽可能地避免它们。良好的设计解决方案为人类的限制提供支持，避免已知的人类处理信息的问题。

三、深度态势感知解密

深度态势感知的含义是“对态势感知的感知，是一种人机智慧，既包括了人的智慧，也融合了机器的智能”，是能指 + 所指，既涉及事物的属性（能指、感觉），又关联它们之间的关系（所指、知觉），既能够理解事物原本之意，也能够明白弦外之音。它是在以 Endsley 为主体的态势感知（包括信息输入、处理、输出环节）基础上，加上人、机（物）、环境（自然、社会）及其相互关系的整体系统趋势分析，具有“软 / 硬”两种调节反馈机制；既包括自组织、自适应，也包括他组织、互适应；既包括局部的定量计算预测，也包括全局的定性算计评估，是一种具有自主、自动弥聚效应的信息修正、补偿的期望 - 选择 - 预测 - 控制体系。如果说视觉是由物体反光的漫射形成的，那么深度态势感知就相当于在暗室里打开开关看到事物的本原。

深度态势感知是为完成主题任务在特定环境下组织系统充分运用各种人的认知活动的综合体现，如目的、感觉、注意、动因、预测、自动性、运动技能、计划、模式识别、决策、动机、经验及知识的提取、存储、执行、反馈等。既能够在信息、资源不足的情境下运转，也能够在信息、资源超载的情境下作用。

通过实验模拟和现场调查分析，我们认为深度态势感知系统中存在着“跳蛙”现象（自动反应），即从信息输入阶段直接进入输出控制阶段（跳过了信息处理整合阶段），这主要是由于任务主题的明确、组织 / 个体注意力的集中和长期针对性训练的条件习惯反射引起的，如同某个人边嚼口香糖边聊天边打伞边走路一样，可以无意识地协调各种自然活动的秩序，该系统进行的是近乎完美的自动控制，而不是有意识的规则条件反应。这与《意识探秘》一书中说的当学会一件事物时，有意识地参与反而会影响效率的说法不谋而合。与普通态势感知系统相比，它们信息的采样会更离散一些，尤其是在感知各种刺激后的信息过滤中，表现了较强的“去伪存真、去粗取精”的能力。信息“过滤器”的基本功能是让指定的信号能比较顺利地通过，而对其他的信号起衰减作用，利用它可以突出有用的信号，抑制 / 衰减干扰、噪声信号，达到提高信噪比或选择的目的。对于每个刺激客体而言，既包括有用的信息特征，又包括冗余的其他特征，而深度态势感知系统具备了准确把握刺激客体的关键信息特征的能力（可以理解为“由小见大、窥斑知豹”的能力），所以能够形成阶跃式人工智能的快速搜索比对提炼和运筹学的优化修剪规划预测的认知能力，可以做到执行主题任务自动迅速。对于普通态势感知系统来说，由于没有形成深度态势感知系统所具备的认知反应能力，所以觉察到的刺激客体中不但包括有用的信息特征，又包括冗余的其他特征，所以信息采样量大，信息融合慢，预测规划迟缓，执行力弱。

在有时间、任务压力的情境下，“经验丰富”的深度态势感知系统常常是基于离散的经验性思维图式 / 脚本认知决策活动（而不是基于评估），这些图式 / 脚本认知活动是形成自动性模式（即不需要每一步都进行分析）的基础。事实上，它们是基于以前的经验积累进行反应和行动，而不是通过常规统计概率的方法进行决策选择（基本认知决策中的情境评估是基于图式和脚本的。图式是一类概念或事件的描述，是形成长期记忆组织的基础。Top-Down 信息控制处理过程中，被感知事件的信息可按照最匹配的存在思维图式进行映射，而在 Bottom-Up 信息自动处理过程中，根据被感知事件激起的思维图式调整不一致的匹配，或通过积极的搜索匹配最新变化的思维图式结构）。

另一方面，深度态势感知系统有时也要被迫对一些变化了的任务情境做有意识的分析决策（自动性模式已不能保证准确操作的精度要求），但深度态势感知系统很少把注意力转移到非主题或背景因素上，这将会让它“分心”。这种现象也许与复杂的训练规则有关，因为在规则中普通态势感知系统被要求依程序执行，而规则程序设定了触发其情境认知的阈值（即遇到规定的信息被激或），而实际上，动态的情境常常会使阈值发生变化；对此，深度态势感知系统通过大量的实践和训练经验，形成了一种内隐的动态触发情境认知阈值，即遇到对自己有用的关键信息特征就被激活，而不是规定的。

一个 Top-Down 处理过程提取信息依赖于（至少受其影响）对事物特性的以前认识；一个 Bottom-Up 处理过程提取信息只与当前的刺激有关。所以，任何涉及对一个事物识别的过程都是 Top-Down 处理过程，即对于该事物已知信息的组织过程。Top-Down 处理过程已被证实对深度知觉及视错觉有影响。Top-Down 与

Bottom-Up 过程是可以并行处理的。

在大多数正常情境下，态势感知系统是按 Top-Down 处理过程达到目标；而在不正常或紧急情境下，态势感知系统则可能会按 Bottom-Up 处理过程达到新的目标。无论如何，深度态势感知系统应在情境中保持主动性的（前摄的，如使用前馈控制策略保持在情境变化的前面）而不是反应性的（如使用反馈控制策略跟上情境的变化），这一点是很重要的。这种主动性的（前摄的）策略可以通过对不正常或紧急情境下的反应训练获得。

在真实的复杂背景下，对深度态势感知系统及技术进行整体、全面的研究，根据人 - 机 - 环境系统过程中的信息传递机理，建造精确、可靠的数学模型已成为研究者所追求的目标。人类认知的经验表明：人具有从复杂环境中搜索特定目标，并对特定目标信息选择处理的能力。这种搜索与选择的过程被称为注意力集中（Focus Attention）。在多批量、多目标、多任务情况下，快速、有效地获取所需要的信息是人面临的一大难题。如何将人的认知系统所具有的环境聚焦（Environment Focus）和自聚焦（Self Focus）机制应用于多模块深度态势感知技术系统的学习，根据处理任务确定注意机制的输入，使整个深度态势感知系统在注意机制的控制之下有效地完成信息处理任务并形成高效、准确的信息输出，有可能为上述问题的解决提供新的途径。如何建立适度规模的多模块深度态势感知技术系统是首先解决的问题。另外，如何控制系统各功能模块间的整合与协调也是一个需要解决的重要问题。

通过研究，人们是这样看待深度态势感知认知技术问题的：首先，深度态势感知过程不是被动地对环境的响应，而是一种主动行为，深度态势感知系统在环境信息的刺激下，通过采集、过滤，改变态势分析策略，从动态的信息流中抽取不变性，在人机环境交互作用下产生近乎知觉的操作或控制；其次，深度态势感知技术中的计算是动态的、非线性的（同认知技术计算相似），通常不需要一次将所有的问题都计算清楚，而是对所需要的信息加以计算；再者，深度态势感知技术中的计算应该是自适应的，指挥控制系统的特性应该随着与外界的交互而变化。因此，深度态势感知技术中的计算应该是外界环境、装备和人的认知感知器共同作用的结果，三者缺一不可。

研究基于人类行为特征的深度态势感知系统技术，即研究在不确定性动态环境中组织的感知及反应能力，对于社会系统中重大事变（战争、自然灾害、金融危机等）的应急指挥和组织系统、复杂工业系统中的故障快速处理、系统重构与修复、复杂环境中仿人机器人的设计与管理等问题的解决都有着重要的参考价值。

四、意义的建构

在深度态势感知系统中，人们的主要目的不是构建态势，而是建构起态势的意义框架，进而在众多不确定的情境下实现深层次的预测和规划。

感对应的常是碎片化的属性，知则是同时进行的关联（关系）建立，人的感、知过程常常是同时进行的（机的不然），而且人可以同时进行物理、心理、生理等属性、关系的感与知，还可以混合交叉感觉、知觉，日久就会生成某种直觉或情感，从无关到弱关、从弱关到相关、从相关到强关，甚至形成“跳蛙现象”，类比在这个过程中起着非常重要的作用，是把隐性默会知识转化成显性规则/概率的桥梁。根据现象学，意识最关键的是知觉，就是能感知到周边物体和自身构成的世界。而对物体的知觉是自身和物体的互动经验整合而得到的自身对物体可以做的行动。例如对附近桌子上的一个苹果的知觉是可以吃，走过去可以拿在手里，可以抛起来等。一般认为知觉是信号输入，但事实上，计算机接收视频信号输入但是没有视觉，因为计算机没有行动能力。知觉需要和自身行动结合起来，这赋予输入信号语义，输入信号不一定导致一定的行动，必须要结合动作才有知觉。知觉的产生先经过输入信号、自身运动和环境物体协调整合，整合形成经验记忆，再遇到相关的信号时就会产生对物体的知觉(对物体可进行的行动)。当然只有知觉可能还不够，智能系统还需要有推理、思考、规划的能力。但这些能力可以在知觉平台基础上构建。

人与机器在语言及信息的处理差异方面，主要体现在能否把表面上无关之事物关联在一起。尽管大数据时代可能会有所变化，但对机器而言，抽象表征的提炼即基于规则条件及概率统计的决策方式与基于情感感动及顿悟冥想的判断（人类特有的）机理之间的鸿沟依然存在。

爱因斯坦曾这样描述逻辑与想象的差异："Logic will get you from A to B, imagination will take you everywhere"，其实，人最大的特点就是能根据特定情境把逻辑与想象、具象与抽象进行有目的的弥聚融合。这种灵活弹性的弥散聚合机制往往与任务情境紧密相关。正如涉及词语概念时，有些哲学家坚持认为，单词的含义是世界上所存在的物理对象所固有的，而维特根斯坦则认为，单词的含义是由人们使用单词时的语境所决定的一样。究其因，大概源于类似二极管机理中的竞争冒险现象。这种现象在人的意识里也有，如欲言又止，左右为难，瞻前顾后。思想斗争的根源与不确定性有关，与人、物、情境的不确定有关，有限的理性也许与之有某种联系，关键是如何平衡，找到满意解（碗中捞针），而不是找最优解（海中捞针）。相比之下，最近战胜围棋世界冠军李世石的机器程序AlphaGo参数调得就很好，这种参数的平衡恰恰就是竞争冒险机制的临界线，就像太极图中阴阳鱼的分界线一般。竞争冒险行为中定性与定量调整参数之间一直有个矛盾，定性是方向性问题，而定量是精确性问题，如何又红又专，往往有点to be or not to be的味道。

对人类而言，最神秘的意识是如何产生的？这个问题一直受到学者们的关注。其中有两个主要问题：一是意识产生的基本结构；二是交互积累的经验。前者可以是生理的也可以是抽象的，是人类和机器的差异，后者对人或机器都是必需的。意识是人机环境系统交互的产物，目前的机器理论上没有人机环境系统的（主动）交互，所以没有你、我、他这些参照坐标系。有人说："当前的人工智能里面没有智能，时下的知识系统里面没有知识，一切都是人类跟自己玩，努力玩得似乎符合逻辑、自然、方便而且容易记忆和维护"，此话固然有些偏颇，但也反映出了一定的道理，即意识是人机环境系统交互的产物，目前的机器理论上没有人机环境系统的（主动）交互，所以没有你、我、他这些参照坐标系，很难反映出各种隐含着稳定和连续意义的某种秩序。笔者曾经和一位有名的摄影家交流，他曾不无深意地给摄影人说过十句话：① 照片拍得不够好，是因为你离生活还不够近。② 用眼睛捕捉的镜头只能为称照片，用心灵捕捉的镜头才能叫艺术。③ 我所表达的都是真实的自我，是真正出于我的内心。④ 有时候最简单的照片是最困难的。⑤ 只有好照片，没有好照片的准则。⑥ 摄影师必须是照片的一部分。⑦ 我觉得影子比物体本身更吸引我。⑧ 名著、音乐、绘画都给我很多灵感和启发。⑨ 我不喜欢把摄影当作镜子只反映事实，所以在表达上留有想象空间。⑩ 我一生都在等待光与景物的交织，然后让魔法在相机中产生。这十句话似乎对深度态势感知中的意义建构也同样有意义。

有时可把数据理解或定义为人对刺激的表示或应对，即使是看见一个字，听到一个声等。没有各种刺激，智能可能无法发育、生长（不是组装），爱因斯坦说过："单词和语言在我的思考工程中似乎不起任何作用。我思索时的物理实体是符号和图像，它们按照我的意愿可以随时地重生和组合。”语言是符号的线性化，语言也限制思维，这像人机智能的差异：一种为记忆型（类机）；另一种为模糊型（类人）。人的优点在于可以更大范围、更大尺度（甚至超越语言）的无关相关化，机的局限性恰在于此：有限的相关。如描述一个能在三维空间跟踪定位物体的系统，通过将位置和方向纳入一个目标的属性，系统能够推断出这些三维物体的关系。尽管大数据冗余也可能造成精度干扰或认知过载（信息冗余是大数据时代的自保策略），但在许多应用场合，小数据也应该有很大助益，因为毕竟小数据更加依赖分析的精度，其短板是没有大数据的信息冗余作为补偿。

第8章

自主性问题

未来的人机融合智能包含四个明确的发展方向：主动的推荐、自主的学习、自然的进化、自身的免疫。在这四个方面，自主是非常重要的一个概念。

一、自主性的发展历史与现状

（一）自主性的发展历史

社会的需要是自动化技术发展的动力。自动化技术是紧密围绕着生产、军事设备的控制以及航空、航天工业的需要而形成和发展起来的。

1788 年，瓦特为了解决工业生产中提出的蒸汽机的速度控制问题，把离心式调速器与蒸汽机的阀门连接起来，构成蒸汽机转速调节系统，使蒸汽机变为既安全又实用的动力装置。瓦特的这项发明开创了自动调节装置的研究和应用。在解决随之出现的自动调节装置的稳定性的过程中，数学家提出了判定系统稳定性的判据，积累了设计和使用自动调节器的经验。

20 世纪 40 年代是自动化技术和理论形成的关键时期，一批科学家为了解决军事上提出的火炮控制、鱼雷导航、飞机导航等技术问题，逐步形成了以分析和设计单变量控制系统为主要内容的经典控制理论与方法。机械、电气和电子技术的发展为生产自动化提供了技术手段。1946 年，美国福特公司的机械工程师哈德首先提出用“自动化”一词来描述生产过程的自动操作。1947 年建立第一个生产自动化研究部门。1952 年，迪博尔德第一本以自动化命名的《自动化》一书出版，他认为“自动化是分析、组织和控制生产过程的手段”。实际上，自动化是将自动控制用于生产过程的结果。20 世纪 50 年代以后，自动控制作为提高生产率的一种重要手段开始推广应用。它在机械制造中的应用形成了机械制造自动化；在石油、化工、冶金等连续生产过程中应用，对大规模的生产设备进行控制和管理，形成了过程自动化。电子计算机的推广和应用，使自动控制与信息处理相结合，出现了业务管理自动化。

20 世纪 50 年代末到 20 世纪 60 年代初，大量的工程实践，尤其是航天技术的发展，涉及大量的多输入、多输出系统的最优控制问题，用经典的控制理论已难以解决，于是产生了以极大值原理、动态规划和状态空间法等为核心的现代控制理论。现代控制理论提供了满足发射第一颗人造卫星的控制手段，保证了其后的若干个空间计划（如导弹的制导、航天器的控制）的实施。控制工作者从过去那种只依据传递函数来考虑控制系统的输入输出关系，过渡到用状态空间法来考虑系统内部结构，是控制工作者对控制系统规律认识的一个飞跃。

20 世纪 60 年代中期以后，现代控制理论在自动化中的应用，特别是在航空、航天领域的应用，产生了一些新的控制方法和结构，如自适应和随机控制、系统辨识、微分对策、分布参数系统等。与此同时，模式识别和人工智能也发展起来，出现了智能机器人和专家系统。现代控制理论和电子计算机在工业生产中的应用，使生产过程控制和管理向综合最优化发展。

20 世纪 70 年代中期，自动化的应用开始面向大规模、复杂的系统，如大型电力系统、交通运输系统、钢铁联合企业、国民经济系统等，它不仅要求对现有系统进行最优控制和管理，而且还要对未来系统进行最优筹划和设计，运用现代控制理论方法已不能取得应有的成效，于是出现了大系统理论与方法。20 世纪 80 年代初，随着计算机网络的迅速发展，管理自动化取得较大进步，出现了管理信息系统、办公自动化系统、决策支持系统。

随着时代的发展，人类开始综合利用传感技术、通信技术、计算机、系统控制和人工智能等新技术和新方法来解决所面临的问题。自动化已经不能满足人们的需求。为了进一步降低人力资源需求，减轻人的负担，减少对高带宽数据链的依赖，缩短任务回路周期，提高自主完成任务的能力，无人系统的自主性需求日益强烈。自主性是无人系统的典型特征和发展趋势，也是自动化发展的高级阶段。

（二）自主性的发展现状

1. 感知

感知能力是实现自主的关键要素，只有通过感知，无人平台才可以达到目标区域、实现任务目标。例如，平台收集传感器数据、应用动能武器和对抗简易爆炸装置等都离不开感知能力。

根据感知能力的目的，人们将无人系统的感知分为四大类，即导航感知、任务感知、系统健康感知与操作感知。为了完成某项任务，这四个类别经常存在交叉现象。

在启动制导、导航和控制功能时，需要通过导航感知来支持路径规划和动态重规划，以实现多智能体通信与协调。导航一般是指平台朝目标方向的全过程，这与平台运动控制相对（如保持竖直位置或为足式机器人选择步法）。通过提高导航感知能力，可以提高平台的安全性（因为人的反应速度通常不够快，也无法克服网络的滞后性，因而无法保证导航的可靠性和安全性），同时减少操作平台或驾驶平台时的认知工作负荷，尽管这还不足以减少人力需求量。通过选择机载感知处理方式，可以提高凭条的反应速度，帮助平台对抗网络攻击或网络破坏。

任务规划、想定规划、评估与理解、多智能体通信与协调和态势感知都需要任务感知的支持。提高任务感知的自主感知能力，可以带来以下四大好处。

（1）机器人能够秘密地执行任务，例如，在不需要全程网络连接的情况下跟踪某个活动，从而减少网络受到攻击的可能性，减少操作员的认知功能负荷。

（2）通过主动识别，即使是目标提示或给定目标划分优先级别，可以减少数据分析员的需求量。

（3）通过机载确认或给部分拟发送数据划分优先级别，可以降低网络需求，例如，“全球鹰”需要大量的带宽。

（4）可将任务感知与导航结合，例如只有平台在空中盘旋、静止、转圈等。

平台健康感知主要应用于故障检测与平台健康管理，但是在进行故障预测、重新规划与意外管理时，也需要应用平台健康感知功能。加强自主健康监控至少有以下三大好处。

（1）当自主故障检测、确认和修复的速度可能高于手动检测、确认和修复的速度时，使得故障弱化，并有助于修复故障。

（2）提高用户对系统的信任度，尤其是系统不按照预期运行，或在任务的关键阶段突然出现故障。

（3）进一步减少操作员的认知工作负荷，不再需要特别安排一位操作员全程监视诊断显示。

随着导航地点从室外转向室内，任务重点也从远程感知转移到行程行动上，操作感知变得越来越重要。例如，利用地面机器人将门打开是一项艰巨的任务，除此之外，需要利用操作感知来完成的其他任务包括拆除简易爆炸装置、车辆检查（在此过程中，需要移动包裹等物件），以及物流与材料处理等。提高自主操作感知有以下两大好处。

（1）可以减少完成操作任务所需的时间及其工作负荷。

（2）减少参与任务的机器人数量，因为在没有提高自主操控感知能力之前，通常需要安排第二个机器人来协助操作员随时监控操作器与被操作物体之间的关系。

2. 规划

规划是指能将当前状态改为预期状态的行动序列或偏序的计算

过程。在尽可能少用资源的前提下，为实现任务目标而行动的过程。在这一过程中，一共有两个关键点。

（1）描述行动和环境条件、设定目标或资源最优化标准。

（2）在遵照硬性条件（例如，平台在地形和速度等方面的条件限制）、优化软性限制条件（例如，最大限度地减少完成任务所需的时间或人力）的前提下，提供计算行动序列和分配行动资源的算法。

3. 学习

机器学习现已成为开发智能自主系统最有效的办法之一。大体而言，从数据中自主获取信息比手动知识工程的效率更高，计算机视觉最新技术系统、机器人技术、自然语言理解和规划主要依赖于训练数据自主学习。通过大量具体数据中寻找可靠的模式，一般可以使自主系统的精确性和鲁棒性高于手动软件工程，还可以使系统根据实际运行经验自动地适应新环境。

4. 人机交互

人机交互是一个相对而言较新的跨学科领域，主要解决人与机器人、计算机或工具如何协作的问题，是人—系统交互领域的一个分支领域，侧重于人与机器人之间的双向的认知交互关系，在这个人机交互关系当中，由机器人承担智能体的角色，在远离用户、计算机或自动驾驶仪的位置上运行，在技术上有明显优势。

人机交互涵盖了无人系统、人因学、心理学、认知科学、通信、人—计算机交互、计算机支持工作组以及社会学等多个领域。这种庞大的多学科交叉状态明显不同于传统工程设计、接口开发或生物工程学。

研究人—机系统与平台之间的关系，有助于改进系统性能，减少平台操作成本和设计成本，提高现有系统对新环境的自适应能力，并加快其推进行程。通过改善人与无人平台协作关系，可以提高系统执行任务的速度，同时降低失误率；而如果在改善人与平台协作关系的同时，改进通信接口，提高应用程序的可用性和可靠性，那么还可以减少系统操作人员的需求量，降低在缺乏人机交互支持的情况下，设计不同系统显示或重新设计无人系统的成本。如果能够较好地理解人、无人平台以及自主性在特殊形势下各自的作用和局限性，那么将有助于设计出不仅能监控超越行为，还能预测新需求的系统，从而提高系统的自适应能力。通过提高人机交互水平，不仅可以提高无人系统的任务执行能力，还可以提高人类对系统的信任度。此外，利用先进的人机交互的人类学方法，可以在无人系统使用过程中捕捉创新机会，从而加快能力、新用途和最优的推行。

如图 8-1 所示，人在回路上监督包括以下内容。

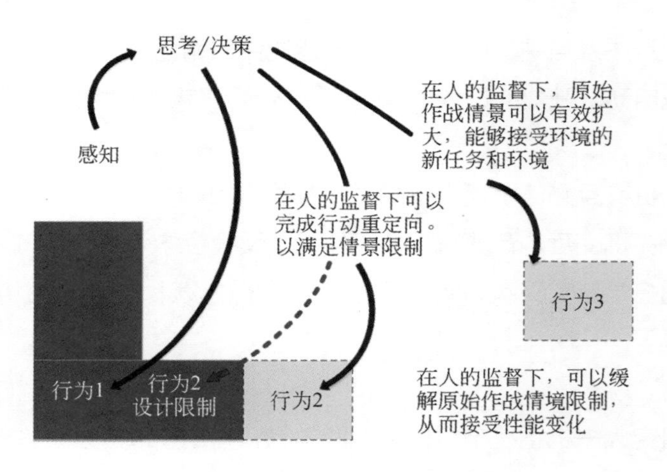

图 8-1　感知 - 行为 - 决策示意

（1）允许在设计的约束条件以外行动（行为 2）。

（2）允许在作战情境外行动（行为 3）。

（3）有效利用动态变化的机遇。

5. 自然语言理解

与自然语言处理密切相关的是能利用英语等普通语言与人类进行交流的计算系统的发展。自动语音识别是将语音信号转化为文本信息的过程，而自然语言理解则是将文本信息转化为计算机能理解的正式表述的过程。人机交互受自然语言影响。如果给无人系统发出口都指令精确，那么委派的内容将会简单化，委派的速度也会随之加快。然而自然语言是一门独立的研究学科。

人向自主系统发出指令时，自然语言是最常态、最自然的一种方式。人类一般利用自然语言处理来为自助系统定制多样化的高级目标和策略，而不是直接进行具体的遥控操作。但是由于自然语言处理本身具有一定的不确定性，因此在自然语言处理的理解上存在一些困难。在理解自然语言时，必须结合当时的语境来判断语言的真实意义。构建一个能理解英文指令和人类语言的自主系统将是一项高技术难度的挑战。为解决这个问题，我们经常利用传统图形用户界面来与计算机系统沟通。然而大多数情况下（例如，当用户不方便用手进行操作时），语言仍然是最理想的沟通方式。

6. 多智能体协调

在执行跨机器人或软件智能体、自然人任务时，人们常常会提到“多智能体协调”这一术语。每个智能体都具有一定的自主性。多个智能体之间可以通过两种方式进行协调，即分布式协调和集中式协调。分布式协调是指多个智能体直接进行互动或交涉；集中式协调是指在规划器的指导下统一进行协调。无论智能体采用哪种方式进行协调，人们都必须确保智能体不仅能够同步化，还能适应环境或任务的动态变化。多智能体同步化经常被理解为多智能系统之间的主动协同（如机器人足球赛）或非主动协同（如蚂蚁觅食行为）。虽然协作（人机协作）与协同之间有一定的联系，但它指的是截然不同的主题，它假定每个智能体都对其他智能体的能力有一定的认知理解，能对目标完成进度进行监控，并且能像人类一样进行编队。因此，在研究过程中，多智能体协调与人机交互是两个相互关联的技术领域，但多智能体协调研究主要侧重不同配置的智能体协同机制，而人机交互则侧重于协作认知。

多无人平台协调至少有四大好处：扩大覆盖面、降低成本、提供冗余能力、实现规范化。与单个平台独立工作相比，多无人平台协调的共同覆盖面更广，持久力更强，不仅可以发挥网络通信中继的作用，还可以为传感器网络覆盖面提供保障。多个低成本无人平台可以代替单个高成本低可观测平台，也可以替代应对“反介入”和“区域拒止”而必需的高保护级别的系统。在出现噪声、混乱、干扰、伪装、隐藏、欺骗现象时，多个低成本平台并行可以提供冗余能力，即使其中有几个平台正在执行其他任务或出现故障时，最后依然能够完成任务。通过协调多个专用平台或异构平台，可以减少成本，降低设计要求。

通过自主协调，可以使多个无人平台快速完成协调最优化，降低出错率，降低或消除网络通信或其他资源的依赖性。利用自主规划能力，可以使无人平台在动态变化限制条件下实现最优化。规划与调度算法可以实时协调成千上万的智能体和约束条件，这是人类单靠自身无法实现的。协调并不仅限于并行活动的运动规划，还包括协调系列活动。例如，为了从多个频谱或多个视角（如空—地）进行观测，通过通用无人平台给专用无人平台分配任务。实现自主协调并不一定需要网络通信，因此，在隐蔽区、模拟环境或通信不可用的地区也可以使用无人平台。

二、自主的概念及理论起源

（一）自主的概念

自主（Autonomy）源自古希腊语，意思是“赋予自己法律的人”，是道德、政治和生物伦理哲学中的一个概念。理性的个人有能力做出一个知情的、非强迫性的决定。

在社会学领域，关于自主边界的争论一直停留在相对自主的概念上，直到在科学技术研究中创造和发展了自主的分类。认为当代科学存在的自主形式是反身自主：科学领域内的行动者和结构能够翻译或反映社会和政治领域提出的不同主题，并影响研究项目的主题选择。

哲学家伊恩·金在如何做出正确的决定和始终保持正确的态度方面，提出了一个“自主原则”，他将其定义为：“让人们自己选择，除非我们比他们更了解他们的利益”。

瑞士哲学家让·皮亚杰（Jean Piaget，1896—1980）通过分析儿童在游戏过程中的认知发展，并通过访谈确定（除其他原则外）儿童道德成熟过程分为两个阶段：第一阶段为他律性阶段；第二阶段为自主性阶段。

他律推理：规则是客观和不变的。它们必须是文字的，因为权威对其排序，并且不适合异常或讨论。这一规则的基础是上级（父母、成年人、国家）的权威，在任何情况下都不应给出实施或履行规则的理由。

自主推理：规则是协议的产物，因此可以修改。它们可以被解释，适合例外和反对。这一规则的基础是其本身的接受，其含义必须加以解释。制裁必须与缺席相称，假定有时犯罪行为可以不受惩罚，因此，如果集体惩罚不是有罪的，则是不可接受的，这种情况不能惩罚罪犯。

在医学领域，尊重病人的个人自主权被认为是医学中许多基本伦理原则之一。自主性可以定义为一个人做出自己决定的能力。这种对自主的信念是知情同意和共同决策概念的核心前提。知情同意的七个要素包括阈值要素（能力和自愿）、信息要素（披露、建议以及理解）和同意要素（决定和授权）。

自主有许多不同的定义，其中许多将个人置于社会环境中，如关系自主,这意味着一个人是通过与他人的关系来定义的；以及“支持自主”，这意味着在特定情况下，可能有必要在短期内暂时损害该人的自主性，以便在长期内保持其自主性。

在机器人领域，自主或自主行为是一个有争议的术语，指的是无人系统（如无人驾驶汽车），因为人们对没有外部命令而行动的事物是通过其自身的决策能力还是通过预先编程的决策方法来进行决策缺乏了解。这是一种难以衡量的抽象品质。从某种意义上讲，机器的自主只是一种类比，并且该类比不包括人类社会的伦理道德，而自动则意味着系统将完全按照程序运行，它别无选择。自主是指一个系统可以选择不受外界影响，即一个自主系统具有自由意志。真正的自主性系统能够在没有人类内部指导的情况下完成复杂的任务。这样一个系统可以说进一步自动化了整个过程的其他部分，使整个“系统”变得更大，包括更多的设备，这些设备可以相互通信，而不涉及人员及其通信。

在数学分析中，如果一个常微分方程与时间无关，则称其为自主方程；在语言学中，自主语言是一种独立于其他语言的语言，例如有标准、语法、词典或文献等；在机器人学中，自主意味着控制的独立性。这个特性意味着自主性是两个智能体之间关系的一个属性，在机器人技术中，是设计者和自主机器人之间关系的一个属性。根据 Rolf Pfeifer 的说法，自给自足、位置性、学习或发展以及进化增加了智能体人的自主程度；在空间飞行任务中，自主也可以指在没有地面控制器控制的情况下执行的载人飞行任务；在社会心理学中，自主性是一种人格特质，其特点是注重个人成就的独立性和对独处的偏好，常被贴上与社会取向相反的标签。

自主可以定义为：一种由内而外的，不待外力推动而行动，能够造成有利局面，使事情按照自己的意图进行。有人更简单地定义自主为：自以为是、自作主张。

传统意义上将自动化定义为：设备或系统在没有或较少人工参与的情况下，完成特定操作实现预期目标的过程。广义的自动化概念包含用于执行逻辑步骤和实际操作的软件及其他应用过程。

自主系统是指可应对非程序化或非预设态势，具有一定自我管理和自我引导能力的系统。相比自动化设备与系统，自主性设备和自主系统能够应对更多样的环境，完成更广泛的操作和控制，具有更广阔的应用潜力。一般来说，自主化是指应用传感器和复杂软件，使设备或系统在较长时间内不需要通信或只需有限通信，不需要其他外部干预就能够独立完成任务，能够在未知环境中自动进行系统调节，保持性能优良的过程。自主化可以被看作自动化的外延，是智能化和更高能力的自动化。

目前，大部分无人机、无人车、无人艇都需要人力遥控，其自主化水平相对较低。未来，这些远程控制装备可能会包含更多自主性功能，既可通过遥控进行操作，也有可能是半自主化或全自主化（实际上是某种程度上的半自主化）。未来，自主化是控制领域的最终归宿。但在很长一段时间内，随着自主系统发展，包括指挥控制与协调行动在内的绝大多数任务仍需要与人员协作完成。人机融合智能是相对性与绝对性的统一。

（二）自主性的理论起源

自主性来源于将决策委派给获准实体，由该实体在规定的界限内采取行动。自主性和自动化之间的一个明显的区别在于，由不允许出现任何偏差的法定规则管理的系统属于自动化系统，而不是自主系统；自主系统必须能够独立地制定、选择不同的行动过程，以根据对现实世界、系统本身以及态势的知识和理解实现有关目标。

自主系统主要来源于人工智能，人工智能是计算机系统在有人的智能参与的条件下执行任务的能力。由于人工智能的不断发展，人现在可以将过去机器无法执行的任务委派给机器。

智能系统的目的是将人工智能应用于特殊领域或解决特殊问题。具体地说，系统通过编程或者训练之后，在定义的知识基础的界限内运转。自主功能是从系统层面而非结构层面上来讲的。我们主要考虑了两类智能系统：应用静态自主性的系统和应用动态自主性的系统。从广义上看，采用静态自主性的系统事实上是通过软件来运转的，包括规划和专业咨询系统；采用动态自主性的系统则会进入物质世界，其中包括机器人和自主平台。

机器人技术促进了新型传感器和制动器的发展，同时提升了智能系统的移动性。早期机器人一般属于自动化机器人；随着近年来人工智能的发展，自主功能逐渐得到了提升。

三、自主性的理论表述与模型

（一）自主性的含义

“自主”是基于信息甚至知识驱动的，无人系统根据任务需求，自主完成“感知—判断—决策—行动”的动态过程，并能够应对意外情形、任务，容忍一定的程度的失败。

自主性通过数据搜集、数据分析、网络搜索、建议引擎、预测等应用逐渐改变了整个世界。考虑到人的能力有限，无法迅速处理大量的数据，可以利用自主系统来发现趋势和分析模式。

在更复杂的条件、环境因素和更为多样的任务或行动中，使用更多的传感器和更为复杂的软件，提供更高层次的自主性。自主性的特征通常体现在系统独立完成任务目标的程度。也就是说，自主系统要在极其不确定的条件下，能够排除外界干扰，即使在没有通信或通信不畅的情况下，仍能弥补系统故障所带来的问题，并确保系统长时间良好运行。

（二）自主系统参考框架的构建

在自主系统设计过程中，花费了大量的精力，决定究竟是由计算机还是操作员来发挥具体的认知功能，这些决策反映了不同性能因素在系统侧面上的权衡。例如在面对期望时，获取计算层面上的有效且最优的解，但是在期望发生变化或出现新情况时，方案可能失败，增加人力资源也是高度敏感的。在许多情况下，如果遵照这些具有绝对性的设计决策，则不需要检查对系统终端用户或整体传播、维护或人力成本所产生的影响。

在一些项目实践过程中，发现通过划分自主等级对自主设计的帮助并不明显，这些项目在计算机层面花费了太多精力，并没有专注在为实现能力与效果的最大化所需的计算机与操作员或监督员的协作关系上，因此这些项目的成果并不明显。

无论是在认知科学层面还是依据对实际练习的观察结果，这些分类系统都具有误导性。在认知层面上，当许多功能由计算机完成，只有高级监视或监督由操作员完成，事实上，所有决策都在人的控制之下，这与系统自主是连续统一的。在某些情况下，为了表明系统具备某一特定的能力，可能需要同时执行多项功能，其中有些功能需要人在系统回路中执行，也有一些功能可以同时委派给计算机。因此，在一项任务的任意阶段，系统都有可能同时处于两个或两个以上不相关的水平上。在现实过程中，由于有一部分人将“自主等级”当作开发路线，因此关注的不是人机系统，而仅仅是机器。

自主系统模型主要有以下要点：侧重于为实现特定能力所需的人机认知功能与重分配决策；分配方式随着任务的不同阶段和不同认知层次而不同；在设计可视自主能力时，必须进行高级系统权衡。自主性系统设计与评估框架如图 8-2 所示。

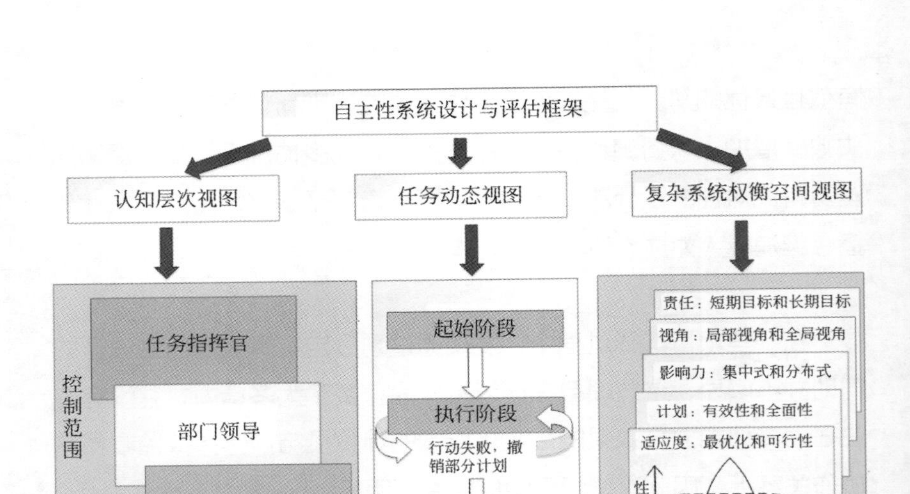

图 8-2　自主性系统设计与评估框架

（1）认知层次视图。随着组件智能体的自主等级不断提高，功能不断增强，展开联合行动对各层次、各功能进行协调也变得越来越重要。

认知层次视图主要考虑自主技术支持规范“用户”的控制范围，并将控制范围延伸到其他空间，以提高适应力的目的。平台动作、传感器操作、通信和状态监控由平台或传感器操作员控制。而部门或编队领导则负责任务规划、任务重规划以及多智能体平台的协作。任务指挥官或执行官的控制范围包括想定评估与理解、想定规划与决策以及意外事件的管理。此外，在操作员内部需要通信和协调，各项认知功能既可以在计算机与操作员或监督员中间进行分配，也可以由计算机和操作员或监督员共同承担。认知层次功能范围如图 8-3 所示。

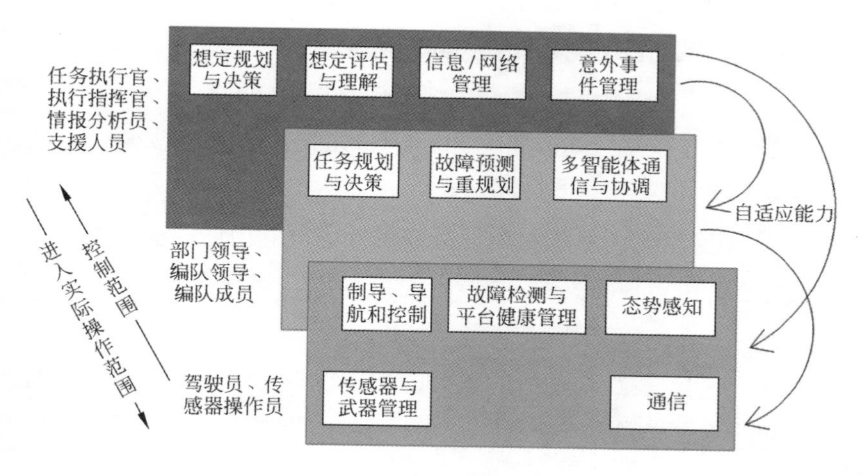

图 8-3　认知层次功能范围

（2）任务动态视图。在任务的不同阶段，按不同的方式应用自主技术。该视图还反映了在发生新的事件、出现新的争议或机会时，不同智能体在各个任务阶段、各个功能以及各层次之间实现行动同步化的方式。

根据任务动态视图，在执行基于环境复杂度与必要响应时间的任务期间，认知功能的分配可能会发生变化。提高自主等级有利于任务期间按照要求调整计划，如出现新的目标、改变任务目标、额外信息、天气条件恶化或平台性能等级降低等。初始阶段和结束阶段也为利用自主技术减少人力和提高效率提供了可能。

（3）复杂系统权衡空间视图。有关自主技术应用地点与方式的设计选项可以改变大型系统进行多项性能权衡的方式。这存在一定的风险，因为如果自主技术只改善一个领域，那么在综合系统性能中的其他领域则有可能会受到负面影响。

复杂系统权衡空间视图按照以下五方面进行恰当的权衡。

① 适应度。在系统对新任务或意外情况的自适应能力和性能最优化之间进行权衡。

② 计划。在跟踪现行的某个计划过程中，由于不再有效而需要改变的需求之间进行权衡。

③ 影响力。在集中式与分布式之间进行权衡，使远程或当地获取的信息在不受潜在因素或不明因素的影响的前提下具有可视性。

④ 视角。在局部性和全局性之间进行权衡，掌握态势，使在一个单元中的集中行动与多个单元间的干扰和协调之间相适，以取得更好的效果。

⑤ 责任。在长期目标与短期目标之间进行权衡，在表 8-1 中达成一致。复杂系统权衡空间视图如表 8-1 所示。

表8-1　复杂系统权衡空间视图

权衡空间	权衡对象	效　益	不良后果
适应度	最优性和可行性	看清形势的情况下可以得到更优的结果	漏洞增多
计划	有效性和全面性	实现计算资源平衡使用	导致计划出错或修订计划困难
影响力	集中式和分布式	使剪裁行动与适当层次相适应	协调成本上升
视角	局部视角和全局视角	使行动的规模、范围与分辨率相适应	数据过载、决策速度减慢
责任	短期目标和长期目标	建立信任，使分线管理与任务目标、优先级别以及背景相符	导致协作或协调失败

四、自主性问题的思考

（一）人的决策与机器决策

我们正在把越来越多的问题决策交给计算机，但机器的决策就一定比人的决策正确吗？用计算机来做决策的初衷一定是善意的：提高效率，让决策迅速获得数据支持，且保证流程的一目了然。而在惊叹于这些让人眼花缭乱的自主性决策系统算法时，人们往往会忽略一个重要问题，自主性决策系统可能会由于数据偏差、系统内置缺陷等问题带来很多负面影响。

自主性通常用以支持人的决策。专家系统或决策支持系统提供决策知道，例如，行动过程置后评估、目标提示或者对探测到的目标进行分类等。实际上有效的决策支持存在困难。虽然我们一般假定这种系统能够改善人的决策，尤其是在执行困难任务时，但事实并非如此。证据显示，人一般先采纳系统评估和建议，然后再将其与自身的知识以及对态势的理解结合起来。错误的辅助会产生决策偏差，因而可能会增加人犯错的概率。再者，由于考虑的信息源有所增加，因而决策的时间也会相应地延长。因此，辅助决策系统如果存在缺陷，可能并不一定能够体现人或机器系统决策的精确度和实时性。尽管好的建议有用，但如果建议失当，则会使决策人犯错，因而整体任务性能将会下降严重。

相反，评判人的决策的决策支持系统，由于输入是在人做出决策之后发生的，因此能够提出由人到计算机解决问题的方案偏差。它同样还利用了计算机的一大优势，即快速模拟人的态势解决方案，从而从环境态势的多样性以及对抗行动中，识别出潜在的缺陷或缺点，更好地促进人机协同，进而提高整体性能。

（二）个体态势感知与群体共享态势感知

随着自主能力越来越强，智能水平也不断提高，可以应对更多样的态势和功能，需要操作人员增强理解当前工作内容的能力，以保证恰当地与系统进行交互。对于未来的自主系统，必须开发先进的接口来支持操作人员与自主性之间的共享态势感知的需求。共享态势感知是支持跨多方（目标相同，并且功能相互关联）协同行动的关键。

共享态势感知是指“操作员基于共享态势感知需求，拥有相同的态势感知程度”，即双方决策所需的共同态势信息。如果操作员都是人，即使是从显示器上获取相同输入并且在相同环境下，在获取共享态势感知的问题上仍然面临着一些挑战，因为他们的目标不同，所形成的系统与环境心智模型也不同，因而会以不同的方式对信息进行解读，或者对未来的预测也不相同。

自主系统利用计算机模型来解释从传感器和输入源获取的信息。因此，自主性和机组人员极有可能对影响其决策的现实环境有不同的评价。为了应对这一挑战，机组人员与自主性之间必须提供有效的态势模型双向通信。这说明不仅要实现各方底层数据共享，还要共享数据解读的方式以及各方所做的未来预测。

群体自主要求实现高级的共享态势感知（见图 8-4），以支持此概念涉及的多样化基本操作需求如下。

① 目标。机组人员和自主性应支持动态变化的相同目标。例如，如果飞行员的目标是复飞，而自主性的目标是在机场降落，那就出现问题了。监狱有限级别和目标会发生变化，共享态势感知保证自主性和机组人员的目标协调。

② 功能分配与重分配。柔性自主需要将功能进行持续地分配

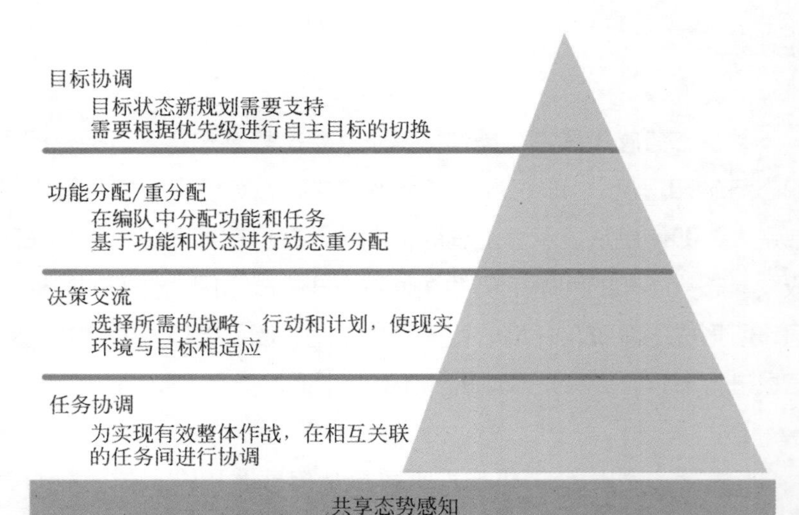

图 8-4　共享态势感知

给机组人员和自主系统。了解行动的主体和对象以及机组人员与自主性执行不同功能的相应能力和状态。

③ 决策交流。当机组人员和自主性在对如何执行不同功能决策时，必须注意这些决策（包括战略、计划和行动），必须实现双方共享，确保将相关功能采取新规划实现协同。

④ 任务协调。自主性和机组人员执行的任务可能高度相关，而且通常还相互依赖。各方都需要一直保持对对方所采取的行动和这些行动目标共享程度的理解。

在共享态势感知大量信息处理过程中，在遵循某种原则的情况下，将信息汇总，可能会产生例如 $a>b$、$b>c$、$c>a$ 的现象，很明显，根据大量信息计算所出现的结果可能会违背个人态势感知中 c 不可能大于 a 的逻辑。所以需要合理利用群体共享态势感知，和个体态势感知相结合，最大限度地利用共享信息，降低绝对依赖。

（三）如何构建人机信任度

信任是复杂且多维度的。人在针对给定任务指定系统部署决策时，必须信任系统；对其他许多决策过程有影响的所有利益相关方也是如此。在设计时构建可信度，提供适当的指示能力，以保证对作战可信度的基于情景且对不可避免的变化进行评估，并在运行时予以处理，这对操作员、指挥官、设计人员、测试人员、政策或法律制定者，乃至公众都是一项基本要求。

适当的设计、执行系统，确保高能力、高可靠性、高完整性等关键属性，是保证可信度的方法之一。当然，设计人员应当在开发和制造自主武器的系统过程中嵌入这些关键属性。然而，这些属于可能会受到多方人机混合编队特征的影响，包括以下内容。

1. 机器缺乏类人的感知与思考

与人相比，自主系统拥有不同的传感器和数据源。因此，可能需要在对作战环境的不同情景假设条件下使用。此外，对于特定的算法选项（如图像处理的模式识别、决策优化算法、学习的深度学习网络等），机器可能会采取明显不同于决策人的方法来进行“推理”。

2. 机器缺乏自我感知和环境感知

自我感知可能简单到仅仅是理解系统自身的健康状况（如电池电量），也可能复杂到感知何时在原始设计界限或假设条件以外使用。环境感知包括传统的环境感知，如在机翼结冰或有干扰的条件下通信，以及 GPS 欺骗等复杂效应。当然，对于机器而言，感知自身和使用环境的变化是远远不够的，还必须在此基础上灵活、有效地适应这些变化。

3. 可观察性、可预测性、可指示性、可审性

自主系统不仅要求能够在动态变化的复杂作战情境下，可靠地在能力范围以内运行，还必须能够向人和其他机器队友发出可观察的相关信息。此外，即使机器能够保证当前的状态和效应的可观察性，但仍有可能不具备足够的预期指示器，使人和其他机器队友无法保证可预测性。此外，一旦出现错误，自主系统必须能保证其他机器或人能够以适当的方式，及时干预、纠正或者终止错误，从而保证可指示性。最后，机器还应具备可审性。换言之，机器必须根据事实能够保存、提供一份有关决策和行动背后的推理的不可修改

并且可理解的记录。

4. 人和系统对共同目标的理解不够

为了保证任何自主系统能够有效地协作，双方必须设定并充分理解共同的目标。

5. 无效接口

传统计算机接口（如鼠标单击）实现的人与机器之间的通信速度较慢，因此会妨碍时敏或高风险态势下所需的协同与协作。改进接口有助于缓解这些问题。

6. 具备学习能力的系统

目前开发的机器，一般能够改变自身的能力和限制条件，并且适应其用途和环境。这种系统将会超越其初始验证与确认，要求采用更加动态的方法，以保证在全寿命周期内有效地执行有关任务。

操作人员必须能够半段自主执行任务的可信任度。这种信任度逼近与整个系统的可靠性有关，还与根据态势对系统在特殊态势下执行特定任务的性能评估有关。为此，机组人员必须建立知情信任——对应用自主能力的时机、程度以及干预时间进行精确评估，对信任度进行校准，如过度信任、信任、信任不足等。

五、自主系统的未来发展与投入方向

（一）感知

发展方向：复杂战场中的环境感知与态势理解。感知计划主要注重提高单个平台或相关平台群的导航自主能力，而平台任务感知放在次要位置。

发展的具体要点如下。

（1）单平台战场感知的综合应用，与用地图标注相比，不具有明显优势，而且感知在帮助作战人员掌握平台运行状况，以及呈现平台与战场、任务目标之间的关系等方面所发挥的作用也经常被忽视。相反，它还被错误地看作计算及显示的问题，然而，显示并不能弥补感知能力的缺失。

（2）消除有人 - 无人系统密集作战空域冲突。感知规避技术已经通过检查，而且还有许多方案可供利用。然而，最主要的发展方向在于基础理论缺乏，而不是巩固这些方案，将其融入现有技术方案中，并满足社会组织的约束条件。

（3）突发性威胁源实时探测与确认。威胁源探测与确认是态势理解的最高级别，在这种模式下，作战人员可以识别和设计必要的行动。在探测威胁源时，既可以借助与单个平台的机载感知系统，也可以通过综合多个平台的观察情报和其他渠道的信息来确保探测任务成功。

（4）复杂地形障碍物高速检测。有关在城市、野外树林或人群中为无人地面平台导航的技术研究目前仍然处于初级阶段。

（5）多传感器综合。无人系统的各项感知能力与传感器之间通常存在一对一的关系，多传感器综合虽然能够提高感知的可靠性和环境建模的全面性，却往往处于被忽视的地位。

此外，需要权衡感知与传感器、可靠感知与平台健康监控的证据推理能力，以及操作感知等领域的投资。

不要过度关注开发新的传感器，忽视现有的传感器算法优化；不要将感知划分为人的感知和计算机感知，认为这两种类别不存在交叉关系，从而忽略了人机协同感知的合作关系；不要将自主感知置于人工操作性能之上。

（二）规划

发展方向：最大限度地弥补自主化系统和用户自身知识的不足。

发展具体要点：执行监控与重规划。有句名言说得好："没有任何作战计划在与敌手相遇之后还有效。”因此，在开展规划工作的同时，监控全局，检测故障捕捉机遇，并调整计划，使之与形式相适应是行动成功的关键。

（三）学习

发展方向：适应非结构化动态环境，开发能够适应这些复杂环境的学习技术。

机器学习现已成为开发智能自主系统最有效的办法之一。大体而言，从数据中获取信息比手动知识工程的效率更高。

发展的具体要点：采用多种技术来减少学习系统的监督工作量，包括主动学习、迁移学习、半监督学习、跨模态训练、增强学习、模仿学习等。

（四）人机交互

发展方向：

人与无人平台良好沟通；

人与无人平台之间的工作建模；

研究并提高人与无人平台的配合度；

预测人与无人平台协作的可用性和可靠性；

捕获和表达人与无人平台在特殊领域应用中的交互关系；

刻画终端用户。

发展要点：实现可信人—系统协作所需的自然用户接口，内容如下。

（1）操作员控制接口。可以在多自由度条件下，快速完成系统、常规传感器以及视点相关训练，将新手培养成为一位专业人才。

（2）以感知为导向的接口与传感器。均按照人体告知系统的心理特征与生理特征设计。

（3）接口显示无人系统当前操作，以及预期任务目标之间的关联性。

（4）人—系统有效对话。利用自然人交互模式，尤其是自然语言与字体动作。

可理解的自主系统行为内容如下。

（1）无人系统人机交互规约模型。利用规约模型，可以指定设计标准、评估标准以及操作测试与评估规程。

（2）专为操作员或决策员设计系统知识或系统状态模型。利用这种模型可以保持系统可预见成果的可信度。

（3）成本效益数据采集 / 分析方法。利用这些方法，有助于提高对无人系统现场操作方式及其使用的自主能力的理解。

（五）自然语言理解

发展方向：操作员只需根据视觉注意机制所接收到的信息，发送口头指令便可以完成任务，从而减少工作负荷，提高作战人员在恶劣环境下的生存率。

现在自然语言理解侧重书面文本的理解，忽略了以实际环境直接交互为重点的指令理解和对话理解。

自然语言理解发展要点如下。

（1）情景化语言解释。将单词与词组与对实际环境中物体与事件的感知联系起来。

（2）指令语言理解。将自然语言指令映射到机器人执行的正式行动序列中。

（3）空间语言理解。对环境中的空间关系语言表达进行解释。

（4）情景对话。为实现人机交互与人机协调而进行的混合主动式自然语言对话。

（六）多智能体协调

发展方向：每个智能体都具有一定的自主性。多智能体之间可以通过两种方式进行协调，即分布式和集中式协调。分布式协调是指智能体直接进行互动或交涉；集中式协调是指在规划期的指导下统一进行协调。无论智能体采用哪种方式进行协调，都必须确保智能体不仅能够同步化，还能适应环境或任务的动态变化。

具体发展要点如下。

（1）针对特定类型的任务，将合适的协调方案与系统属性进行规范化映射。到目前为止，多智能体系统依然采用 Ad Hoc 网络，研究工作主要侧重于开发新的协调算法，忽视了新应用领域的开发，也没有注意将研究成果融入规范的排他性设计理论，使设计人员不能为特定的任务挑选最合适的系统。尽管目前的分类系统在这个问题上只能发挥最基础性的作用，但我们今后必须加强这一领域的有关工作。

（2）可证明的正确的紧急行为。弱协调有意识系统和弱协调无意识系统都是利用生物学算法来实现通信量、计算量和感知量最小化的。低成本无人平台群具有许多优势。但是，目前还没有适当的工具来预测环境突然性变化将引发什么样的后果，以及无人平台的相应行为是否正确。

（3）干扰与机会性任务重分配。利用多个机器人在共同目标的引导下协作，那么机器人之间可能存在无意的互相干扰现象，从而导致工作效率下降。更加值得注意的是，如果多个协作性无人平台在局部范围内是一个系统的组成部分，而在全局范围内却是另一个系统的组成部分，在空间上通常相互协作，那么便可以实现能力实时共享和分配。

（4）通信。包括通信的方式和内容。蜂群、羊群、牛群等许多生物系统都是利用姿态语言、空间关系、声音、颜色以及信息素来进行沟通的。无人平台应用程序的隐式通信和权衡空间的显示通信的可靠性还有待查证。然而，无论无人平台或无人平台与中央服务器之间的通信内容是什么，鲁棒网络通信都是强协调系统和大多数弱协调系统的关键所在。

（七）自动化与自主化

自动与自主的区别很有意思，平时大家都不爱斟酌，一般都是拿过来就用，岂不知，西方人常常不是这样子的，他们一般先从基本概念上进行咬文嚼字般的抠，然后在此基础上进行理论过程的推导演算或实验实践的验证分析，于是差距往往就此拉开……

自主（自建构）系统中，具有交互作用的各部件在联合作用时，其组合规则是事实与价值的超叠加，不但是超（现有）数学计算的，还是超（现有）逻辑、非逻辑关系的。并且会使各部件产生新的属性和新的特征、新的关系，与原件大不相同。相比之下，自动化偏向可预期的事实性程序化处理，自主化侧重于不可预期的价值性程序化解决。

世界是由事实（关系）构成的，而不是由事物（属性）构成的，从事物到事实的过程就是组织。不要说找到构成事物基本单元很难，即使找到了也没有太大的用处，因为这些基元（基本单元）之间的相互作用才是世界的秘密，而对这些关系，尽管我们知道确实存在却一直不能说清楚究竟是什么。人类是超协调逻辑（所以能够容错、融错、熔错），在超协调逻辑看来，悖论不一定都需要排除。矛盾或悖论在不会导致系统扩散，也不会使系统变得没有意义的情况下，是可以被一个逻辑系统或者理论系统容纳的。超协调逻辑为悖论提供了一个全新的解决方案，认为我们应该接受悖论，并学会和悖论好好相处。

1978 年，澳大利亚逻辑学家普利斯特发表论文《悖论逻辑》。悖论逻辑与不协调逻辑的主要区别在于不协调逻辑系统自身是协调的，而悖论逻辑自身是不协调的，包含矛盾。他认为，哥德尔不完全性定理只是对于协调的系统才起作用，对于自身不协调的、语义封闭的系统来说，它是不起作用的。

为什么人工智能系统与人们的期望相去甚远？答案是人们还没有找到系统中整体与部分的真正关系是什么。阿什比指出，只要A与B两者中间的某一关系成为价值或状态C的条件，一个起组织作用的部件就出现了。

自动（含显著性）选择与自主选择的最大区别在于，自动的适应性选择的结果几乎是确定的，例如自动化机器的输出动作；而自主（涉价值性）选择的结果往往是不确定的，例如各种随机应变和言外之意、弦外之音。自动化产生式一般是事实性推理，而启发式智能常常是价值性推理。

人类的自主具有一种把离散状态弥补成连续状态及产生出趋势的能力，类似看电影，大概是因为大脑有一部分专门来给自己讲故事，让你自己觉得一切都是连贯的，世界是有前因后果的。很多情形下，其实不然，世界上的因果是搅在一起的，但自动化的因果关系是有秩序的，而自主化，尤其是智慧化因果关系却不一定是有秩序的：得到了并不一定是梦寐以求的真实，失去了却可能是美好永恒的结果，例如塞翁失马。

在讨论自动过程（心理）之前先强调两种过程，即自动（无意识）进行的过程和有意识控制的过程。其中自动过程在人类行为中大量存在，并在行为上延伸成自动觉知行为、自动追逐目标、对某种经历进行持续自动的评估等过程。这里，我们仅讨论与人机融合相关的两部分内容：执行自动过程时需要相较于非自动过程更少的努力，覆盖自动过程需要的低级反馈。

自动过程可以至少被三种不同的参数模型定义：引导的行为机制、涉及的神经元机制和基础过程认知机制。所以，在行为层面上可以认为自动过程会引导对刺激的快速反应，在神经元层面上可以认为在大脑某个区域发生一个被放大的活动，而在认知层面上认为这个过程不需要注意力系统的介入调和。这三种模型的区别还是很重要的，因为行为和神经元的参数会引导我们对当前发生的自动过程给出一个可行的定义。这就意味着使用者可以预测某个环境条件下激发自动过程的可能性。我们特别要重视行为参数，这可以让使用者对某个类型的交互更加了解。

很多不同的行为参量都用于定义自动过程。首先，自动过程与快速反应时间密切相关，反应时间衡量了刺激出现和做出反应之间的间隔（例如，根据屏幕显示按下某个按键）；第二，自动过程还与责任义务执行相关，即不可避免执行的过程；第三，自动过程可能与其他同时发生的过程之间没有交互，即其他过程的表现不会受到自动过程的影响；第四，自动过程与高转移性联系，所以自动过程在不同类型事件中的表现水平保持恒定；第五，自动过程与无意识通常联系起来，即主体往往对事件的发生无意识；第六，自动过程与干扰的无敏感性联系，从而多刺激不会影响自动过程的表现。

不少学者认为只有前两个参量可以导致快反应时间的强制过程，虽然这些参量被经常定义为分离值，例如，这个过程是平行快速的还是连续慢速的。然而，人们对这些衡量认知机制的参量组合还没有一致的意见。例如，为了去评估主体对某个刺激产生回应是否被纯粹地归结为自下而上的认知机制（即纯粹被外界刺激控制而不考虑主体的注意力状态），很多实验都基于反应时间和刺激持续时间。很多学者通过采用 Treisan 和 Gelade 在定义特征整合理论（Feature Integration Theory）的研究技术，认为如果反应时间相对较短，并与干扰数量无关，那么这个过程就是自下而上的。类似地，对于刺激分散的持续时间，前 - 注意力加工过程发生在刺激分给主体时间很短（一般 200 ms）的情况下，而对干扰的数量不予考虑。然而，这种定义对理解过程与过程间歇不够明确，学习 - 反映过程作为自动过程的一种描述，与前注意力过程的表现相差很大。

通常事实性交互产生自动化，价值性交互才可能出现自主化。智慧化中既有自动化也有自主化，既有事实性的态势感知也有价值性的态势感知……

自动化、自主化、智慧化都是人机（物）环境系统交互的产物，智慧化是一种更高级的交互，是一种超越了前两者的交互，是一种超越了事实性的价值交互。

第9章

人机融合智能的反思

一、有关人机融合智能中人的思考

狭窄道路上的高速错车基本反映了经典经济学基本原理的前提：假设人的活动是理性的。而人机融合智能基本原理的前提与人工智能的有很大不同：一个是真人，一个是假人（虚拟人）。所谓真人，就是指真实的人、真正的人；所谓假人，就是特指理想的人、假设的人。

真人很丰富，有血有肉，有情有义，有衣冠楚楚，有吃喝拉撒，有理性也有感性，有喜怒哀乐愁也有仁义礼智信，所以人机融合智能很难。

仔细想想，假人也不简单，虽无血无肉但也得有模有样，虽无情无义但也得有理有据，另外，还得有概念有定义，有前提有假设，有公式有代码，有伦理有法律，所以人工智能也着实不简单。

真人、假人都在人机环境系统中，人机融合智能中的人涉及思想者、设计者、制造者、使用者、销售者、维护者、回收者、处理者等，而人工智能中的人具体也涉及上述诸多人员，但主要包括实现者与使用者。

无论真人还是假人都是会犯错误的，故意犯的错误是筹划预谋，不故意犯的错误是失误疏忽，当然还有一些介于故意与非故意之间的错误，如开车斗气，本想吓唬一下对方，没想到却发生了更大的事故，这在法规判责上常常归为故意错误。

真人的算计与量子智能计算相似，它们最大的优势在于对特定问题的快速并行计算。因此，这些算力最大的优势可以用在对于时延要求低的场景。但是人的算计比机器计算比较强的地方是：不仅耐力和速度好——算力强和计算快，而且还算得好、算得准——“趣时”，例如未来人机融合的智能指挥控制系统，不但可以快速计算出系统中博弈对手即时的动态策略规划，而且还可以结合历史数据、人的临场经验、各种案例迹象、当前博弈环境中各种线索，及时实施识别伪诈、隐真示假等攻防策略。

人的智能根据任务环境的变化可以生成很多元素，进而生成对应的基本单元。其中的一部分智能应该可以被量化、被分解，形成基本的人工智能单元，就像最基本的智能元素周期表。另外一部分却不能静态地量化，只能根据具体任务环境中时、空、逻辑三者的变化而随动地产生定性跨域分析，这个过程常常能够产生出创造或情感。

人的智能得益于创造和情感，也受制于创造和情感，这是缘于不同时空逻辑中存在着遮挡关系和人先天的缺陷——无止的欲望。大凡有所成的人机智能系统，大都能较好地平衡两者，形成一种感性与理性的融合优化。

机器要想成为人体的一部分，路还很漫长。因为人类更丰富的智能形式——智慧，还不能完全为语言所表征言传，很多意会目前还不能被公式化和被程序化，例如心领神会。从根本上说，若不能解决人类认知的机制，智能领域的研究也许一直就是在挠痒痒，很难触及智能的实质。

二、对现今人机融合智能瓶颈的思考

现今人机融合智能的瓶颈之一是没有物理上的定理或定律出现，即什么是人机融合智能。要研究清楚这个问题，首先要对智能的本质进行探究。与机器智能不同，根本上说机器智能、人工智能是人类智能概念化、系统化、程序化了的反映，而碎片化的知识 + 碎片化的逻辑构成了各种纷繁复杂的人类智能，碎片化的知识 + 碎片化的逻辑 + 隐 / 显性的伦理道德和法律规定构成了人类的智慧，人的真正智能需要不同领域、不同角度逻辑的组合、混合、融合，所以真实的智能是缝补连接后的百衲衣，而不是漂亮、靓丽的制成品。

经过人工智能的几次高潮、低谷之后，理性的权威以及形式化方法背后的乐观主义招致了巨大质疑，符号、连接、行为技术不仅带来了进步，也带来了人们对智能领域更多的困惑，同时，人工智能、基因工程等变革性科技让人类似乎比历史上的任何一个时代都可能为自己带来心理、伦理和思维上的挑战。用理性寻找真理不再重要，存在的意义才是最核心的问题。启蒙主义用理性代替上帝，结果却是一切价值的崩溃，存在越来越走向虚无——海德格尔用《存在与时间》试图解答存在本质的问题，胡塞尔从前期《逻辑研究》转向后期《大观念》的思路；同时，分析哲学领袖维特根斯坦也从前期《逻辑哲学论》转向后期《哲学研究》的思路，两次转变都不约而同地去掉了"逻辑",分别走向了"观念"和"哲学",这也许不是巧合和偶然。

"逻辑"主要涉及判断和推理，它属于较高层次的意识活动，而要讲清楚判断理论，还要对感觉、知觉等较低层次的意识活动进行研究，尤其是需要对物理性的数据、心理性的信息知识等的一多弥聚表征机理进行深入研究，"名可名非常名"中的"名"主要是讲这种动态的表征、命名、定义、范畴化。而"道可道非常道"中的"道"则反映的是事实与价值、事物与关系的混合，既包括客观being也包括主观should，既涉及逻辑和数学的普遍有效性，也涵盖了心理规律偶然性的真理，是逻辑与非逻辑的集合体，情感也许是一种自己逻辑与他人非逻辑的复合体。

老子的道极其自然，例如，他说："智慧出，有大伪"，其意思是人越追求智慧，人为的东西就越多，自以为是的成分就越大。这就需要把平常对待世界的看法颠倒过来，让事物来看我们，如同昆虫的复眼一般。塞尚说过：好的画家不是从外面而是从里面看世界。有智慧的人也经常用和日常相反的方法看世界，如塞翁失马里的塞翁、井冈山上的星星之火等，我们不应该只是用科学的方法看世界，智能及其哲学应该使人真正向自然开放，使自然中的人机环境系统以它自有的形态向我们说话、展示。当前，人机融合智能遇到的主要难题如下。

（1）数据与信息、知识的弹性输入——灵活的表征。

（2）公理与非公理推理的有机融合——有效的处理。

（3）责任性判断与无风险性决策的无缝衔接——虚实互补的输出。

（4）人类反思与机器反馈之间的相互协同——更好的调整。

（5）深度态势感知与跨域资源管理过程的认知平衡——和谐的调度。

（6）人机之间的信任机制产生。

（7）机器常识与人类常识的差异。

（8）人机之间可解释性的阈值。

（9）机器终身学习的范围 / 内容与人类学习的不同。

人工智能并不创造新事物，它只能执行人们本身了解如何去做的事情。当前，随着人工智能越来越不能满足人们的期望和胃口，人机交互所带来的智能融合渐渐走上了前台。但是，无论国内外的军用还是民用，人机融合智能都不太令人满意，那么，人机融合智能的难点究竟在什么地方呢?

众所周知，智能不是大脑的产物，而是人机环境系统交互的生态产物，既包括客观的数据，也包括主观的信息和知识，如果说“美”是主客观结合的产物，那么智能也应该是主客观融合的结果。其中包括各种的高、中、低元素，是一种既开放又封闭、既弥散又聚合的动态组织体系架构。智能是围绕价值、意义而衍生出来的，是由事实所触发的价值而生成的，数据是一种相对的客观存在，只有被价值化成信息后才可能被凝练出相关情境下的知识，并进而同化顺应出许多能够解决实际困难的适应方法和有效手段。与人工智能不同的是，真实的智能一般不是情境的，也不是场景的，而是环境的，更准确地说人机环境“可久可大”，情境和场景相对比较小而且穿透性较差，很难产生出满意解和最优解，这也是为什么人工智能会有意外出现且不好解释的原因：不会主动刻画场景和情境之外的事、物，现在人工智能的基本思路都是训练一堆算法，然后各自绑定场景。其实，单纯用数据、信息、知识都是很难驱动出真实的智能的，智能是一种简单的适应性变化从“是”到“应”（休谟之问）。人产生出的智能常常是情智（算计），机产生出的往往是理智（计算），人机融合生成的智能一般包括是情智 + 理智，是一种特殊的计算 + 算计（简化为：计算计）。从某种意义上说，人工智能是一种事实智能，而人类智能则是一种价值智慧。当然，事实有不同程度的事实，价值也有不同程度的价值。真实往往是程度不同的事实与大小不同的价值混合而成。绝大多数偶然性事实的降临常常来自非情境、非场景和非逻辑的价值穿越。

人之所以能够把握方向，原因在于透析事实之后的动态价值，能够确定一个事物、事实在特定情境任务下的主观价值而不仅仅是客观显著性，所以是有机的，机器没有主观，是没有价值与风险责任的计算过程，是无机的。就像平常的二选一，在关键时刻常常重如泰山，所以仅有价值还不够，还需要承担后果的勇气和胆量。主观判断和情感价值至关重要，所以交战开火的最终决定权不能交给机器。任何一个事物或事实都有多面性，简化而言，不妨称之为两面性，是和非，或者 1 和 0，但这一事物、事实会随着关联的发展而发生价值性的变化，或快或慢，或短或长，人类的作用就是恰如其分地把这事物、事实的价值性与客观发展状态同步嵌入、与势俱进，而不是像机器一样刻舟求剑式地打标签。更有意思的是，事物、事实的这种两面性（或多面性）带有天然的自反性，而且在特定的任务情境下会被触发实施，是会变成非，0 会生出 1，这也是不确定性产生的根源之一。人有自我、本我、超我，不断强化主观偏好（自我），而机器没有自我、本我、超我之分，总是相对客观地感知世界，人自然不能与机器容易地达成共识。同样对于一个事物或事实，机器的标签不会个性化弹性的变化，更不会延展成长变化，而人会。机器的数据信息知识标签不会生长，而人类的数据信息知识概念却会变化，如一寸光阴一寸金中的一和寸是可变的，“执子之手，与子偕老”也与本意大相径庭。人是很复杂的，机器却使之简单化，一旦标签，从此固定，没有随机应变，没有是非之心。人可以让数据不枯燥的方法就是赋予价值形成信息，如“3 · 15”消费者权益日，23 乔丹，658 小区公交；让信息不乏味的手段就是凝练出意义生成知识，如 1+1=2，一寸光阴一寸金；让知识不萎靡的途径就是演化为生生不息的智能……

经典物理中的光子有波粒二象性，量子物理中的量子既有叠加态又有纠缠态；生理中的 DNA 是由两条反向平行的多核苷酸链相互缠绕形成一个双螺旋结构；心理中的事实与价值这两条关系链路也是一种虚实二象、叠加、纠缠、螺旋结构。所有的类比都有着某种“神性”的表象穿透和本质涌现，物理、生理、心理的这种类比也不意外，仔细想一想，智能实质上就是心理（意识）、生理（神经）、物理（环境）三者之间的相互影响、相互作用的产物，简单称之为人物（机）环境系统。一般而言，人工智能就是用符号、行为、连接主义进行客观事实的形式化表征、推理和计算，很少涉及价值性、责任性因果关系判断和决策，而深度态势感知中的深度就是指事实、价值与责任的融合（即实与虚的互补）。态、势涉及客观事实性的数据及信息、知识中的客观部分（如突显性和时空参数等），简单称之为事实链，而感、知涉及主观价值性的参数部分（如期望、努力程度等），不妨称之为价值链，深度态势感知就是由事实链与价值链交织纠缠在一起的“双螺旋”结构，进而能够实现有效的判断和准确的决策功能。另外，人侧重于主观价值把控算计，机偏向客观事实过程计算，也是一种“双螺旋”结构。如何实现这两种“双螺旋”结构之间“碱基对（时空）”的恰当匹配，仍将是各国都没有解决的难题，那么如何表征这些参数呢？如何搭建起这个模型呢？心理学家卡尼曼（Kahneman）认为，人有两个自我：经验自我和记忆自我，经验自我负责动作和决策，记忆自我负责解读反思。同样，人有两个智能：事实智能和价值智能，事实智能负责客观和理性，价值智能负责主观和感性。简言之，真正的智能，不会发生在你的手机里，而是存在于你的生活中……

人会活学活用，是活智活能，充满了易和辩证，既合又分，既弥又聚，具体情况具体分析，何时、何处、何方式统筹兼顾，也许人智能中的表征不需要完美的定义就行，如白马非马（在输入端，白马非马是一个事实：白马确实不是马；白马非马也不是一个事实：白马确实也是马，这是一个价值问题。白马非马是人类智能的一个重要表征，它反映了机器智能很难表征的一种表征：事实自反性表征），里面可以有事实、价值和责任，或其中的不同组合变化，而机器只有数据、公式，并且机器没有目的，人的所有行为都是有目的的，这个目的性就是价值、责任，目的性可以分为远中近，价值程度也有大中小，甚至责任也有大中小，人的自主和否定常常涉及责任和价值，而不仅仅限于事实。更进一步说，一个概念可以有三个坐标轴判定：一个是事实轴，涉及时、空、属性、物理、逻辑等客观现实方面；一个是价值轴，涉及个性化的心理、艺术、关系、伦理、非逻辑等主观可能方面；一个是责任轴，涉及共性化的心理、艺术、关系、伦理、非逻辑等主观可能方面。其内涵、外延常常在这三个坐标轴决定的坐标系中变化弥聚，从而构成了璀璨多彩的智能世界和眼花缭乱的意（向）形（式）情境。

分类是人类认识世界的一种基本方法。对事物的划分，是概念发生的起点，是一切思维的前提。科学技术体系的建立，就是从分类这个起点开始建立起来的。但大家只重视事实分类，而忽略了价值和责任分类，尤其是三者的混合分类。概念除了能指、所指外，还有一种动指，即一种随机动态不确定的指向，就像小孩子说的那样“冰激凌的心情”“不高兴的高兴”，随时可以让概念间的界限变得可有可无，并且可以任意穿越。

《易经》即辩证法：知几（苗头、兆头）即普遍联系，趣（抓住时机）即对立统一，变通（随机应变）即变化发展。道是西方的自然秩序。真实交互中，常常会有状态碰撞、趋势碰撞、感觉碰撞、知觉碰撞发生，对于人机融合智能的深度态势感知而言，态、势、感、知、事实和价值、责任是动态联系在一起的。从观察表征、调整推理到判断决策、实施行动各个阶段，人的智能里面不但充斥着反事实性，还混合了不少的反价值性、反责任性，同时人的类比可以解决机器解决不了的各种非映射关系。在深度态势感知中，势就是方向和速度，方向更为重要；态就是程度和大小，程度稍微领先；知就是本质和联系，本质尤为突出；感就是现象和属性，现象大于属性；深度就是人机环境的融合和交互，融合在一起的交互。态势感知的困难在于态、势的混杂性与感、知的混杂性，更困难的是态、势、感、知的混杂性。有真有假，还有真假，有虚有实，还有虚实……评价深度态势感知好坏的标准之一就是做人、机、环、态、势、感、知辅助线的能力，做得好，迎刃而解，做不好，南辕北辙。

人机之间，自主智能与它主智能之间的区别表面上是同化与顺应，实际上是同化与顺应的转换程度和效率。自主性简单地说就是“应该”，侧重于是一个价值性的问题。皮亚杰研究儿童心理学时认为，孩子的发展是与外界环境相互作用下不断发生的。孩子的发展不是简单的外界不断刺激的过程，它必须凭借孩子现有的内部结构。孩子的活动与外部的刺激具有同等重要的地位。随着儿童年龄的增长，其认知发展涉及同化、顺应、平衡和图式四个关键词。

儿童的同化、顺应、平衡和图式一开始是基于客观事实的，例如生理需求的吃喝拉撒眠等；随着不断地成长，逐渐形成了价值性的同化、顺应、平衡和图式，例如爱恨情仇虑等；再后来，又衍生出责任性的同化、顺应、平衡和图式，例如礼义廉耻勇等。

（1）同化：是指学习个体对刺激输入的过滤或改变过程。也就是说个体在感受刺激时，把它们纳入头脑中原有的图式之内，使其成为自身的一部分，以加强和丰富主体的动作。

例如，原来我会用锅煮鱼肉，需要 20 分钟。现在买了牛肉，我自然想到用锅煮，如果成功了，就是技能同化了。

（2）顺应：是指外部环境发生变化，而原有认知结构无法同化新环境提供的信息时所引起的儿童认知结构发生重组与改造的过程，即个体的认知结构因外部刺激的影响而发生改变的过程。就是个体改变自己的动作以适应客观变化。

例如，现在市场上没有肉，只有菜，我也用 20 分钟来煮，菜熟透，吃完口感不好。于是，只好煮了 10 分钟。因为我顺应了菜的加工方式。

（3）平衡：是指学习者个体通过自我调节机制，不断地通过同化与顺应两种方式，使认知发展从一个平衡状态向另一个平衡状态过渡的过程。

例如，原来会煮肉，是平衡的状态。突然出现了菜，从不会加工到能成功吃上菜，又到了一个新的平衡状态。而这个过程，就是平衡的过程。

（4）图式：是一种结构和组织，它们在相同或类似的环境中，会由于重复而引起迁移或概括。最初的基本能力来自先天的遗传，以后在适应环境的过程中不断变化、丰富和发展，形成了本质不同的认知图式（结构）。

例如，肉和菜我都会煮了，也会煮小米粥了，我根据经验还出版了一本《舌尖上的中国》的美食食谱。

这是一个互相影响、不断变化的发展过程。孩子和新人机系统的发展是充斥着同化、顺应，再达到平衡，就是图式体系不断改变和发展的过程。

人机之间也是如此。即使是刚出生的婴儿和新人机系统，也有自己简单的图式系统。我们不能忽略孩子或人机原有的图式系统，而一味地强调外在的环境让孩子学习。

只有让孩子和新人机系统自己去亲身体验，强调孩子和新人机系统自己的动作运动和活动才会有效果。例如自己抓取物体等动作。只有当孩子和新人机系统凭借现有的结构，即图式体系，即孩子和新人机系统的动作——不断地抓取物体才能引起改变，达到同化的过程。

在此基础上，孩子和新人机系统更可能去拿其他的物体进行尝试，这是同化的泛化。而孩子自身内部结构也因为这个过程发生了改变，以适应现实，就是顺应。

DARPA 的“深绿”指控系统在这方面做得就不好，所以没有得到期望的应用效果。整个系统所揭示的人机融合智能和态势感知机理相对模糊，机制较为混乱，由此而产生的智能只描述了事实性计算，缺失了人的情感性、价值性和责任性，人、机系统的同化、顺应不平衡，人机图式体系不断改变发展的方向和过程不一致。

任何人机系统不协调的实质问题在于如何把握“变”和“好”，而不是“快”和“演”。否则人不是人，机不是机，环境不是环境，各自的优点都没有发挥出来，该变的时候不变，不该变的时候乱变……另外，人机融合的方式、时机、功能等应该是恰如其分的“好”，不早不晚、不快不慢，才能发挥出各自的优点，实现最优匹配，在开放的真实环境下，由此而产生的智能程度和主动效力才能最大。

人机融合智能现在的一个趋势就是软件硬件化，硬件软件化，机件人性化，人不断地机械化，其实这不一定是一个好的现象，人应该做人的事情，机做机的事情。它的融合的核心需要强调一句话，就是所有的人机融合里面一定要有范围，任何智能都不是任何地方、任何时间多么智能，它都有局限性，包括人本身也是，人本身都有局限性，所以怎样找到那个范围非常重要（遍历当前的诸多学科，很难令人相信利用已有的数理、物理、生理、心理、管理……能够研究好人机融合智能中的“恰好”）。

在自然科学中，人们常用数学方程式来描述一些现象。若以时间（T）作为变量，认知操作 x 的变化即等于当时机体的状态（S）和外界的刺激（R）的函数。S 指的是机体的生理心理状态，大脑里的存储等。当外界刺激作用处于某种特定状态的机体时便产生结果，发生变化，即

$$T'-T+I,\ \hat{x}=f(S,R)$$

其中 T' 为变化后的时间，T 为当前时间，I 是增加的时间。

认知科学认为：计算机的工作原理也是一样的，在规定的时间里，计算机存储的记忆相当于机体的状态；计算机输入相当于给机体施加的某种刺激。当给计算机某种输入时计算机便进行操作，其内部发生变化，从而得到结果。计算机的操作过程可以看作是每一个单位时间内其状态的变化。可以用计算机程序模拟人的策略水平，用计算机语言模拟人的初级信息加工过程，用计算机硬件模拟人的生理过程（中枢神经系统、神经元、大脑的活动）。

事实上，人的心理结构与生理、物理结构是不同的，它不但受制于机体本身，同时又是适应环境的结果。故，在 $T'-T+I$，$\hat{x}=f(S,R)$ 中，$\hat{x}=f(S,R)$ 中的人与机的 R 不同，人的 R 不但涉及外界刺激 r，还有内在刺激 r'，所以是 $\hat{x}=f(S,r,r',r'')$，在深度态势感知的算计 + 计算系统中，外界刺激 r 可以看作内态刺激，内在刺激 r' 可以看作内态刺激，内在刺激 r'' 可以看作势刺激。也许，感可以看作态刺激，知可以看作势刺激。

当前，人机融合智能化平台，人在系统环境中是必需的（但得保证人是正常人），人在环中就是一个系统的直接部分，既监又控；人在环上就是一个系统的间接部分，主监管控；人在环外的智能系统已算失控。如何研究人机环境系统并使之工程化呢？首先要研究人，包括人的感和知；其次，要研究机以及如何把这些感知功能迁移到机器（装备）和机制（管理）中去；再次，要研究环境，包括在各种环境中所产生出的状态和趋势（简称为态势）；对这三者的研究不一定是顺序的，也可以倒序、插序、混序、融序等，以前主要研究人的态势感知能力，现在随着人工智能技术的发展，又开始研究机器（装备）和机制（管理）的态势感知功能，未来的发展趋势是研究两者如何实现结合的问题，即人机融合智能中的深度态势感知问题，这也是研究人在环的关键问题。

就像人们认识世界往往从巫术、神话开始一样，认知科学一开始也是从一个“错误”的类比开始的：计算机根本上就不像人。所谓符号就是模式（Pattern），任何一个模式，只要它能和其他模式相区别，它就是一个符号。计算机，无论是电子的还是量子的，都是人为定义且达成共识的“物理符号系统”，即其强调所研究的对象是一个具体的物质系统。而对于人类而言，其研究和运用的是一个弹性且个性化的“心理符号系统”，其强调所研究的对象是一个抽象的价值意义系统。

对于学习而言，人们常常误以为人的学习是规范规则化的学习，其实这是一个误区，人类真正的学习不完全是整体性、系统性展开的，而是学习过程中渗透了大量的个性化、灵活性的隐喻和类比，把一些零散破碎的其他有关 / 无关知识、方法巧妙地贯穿黏合起那些所谓的标准化知识学习过程中，结果是，教育家们自觉不自觉地运用倒序的方式告诉学生们，本学科及其书本上的知识是系统的、完整的，那些获取这些系统知识之发现过程后面的隐性认识方法却被忽略省却了……而这些未被说明的部分恰恰就是真正的学习，同时也是机器学习所无法企及的部分。相比之下，人类的学习可能是无表征或弱表征学习——一种理解性学习，而机器学习是一种“非理解性”表征学习。学习可以使人更好、更坦然地升维处理未知，但对机却不尽然。人的学习中除了态（如动作序列、文字数字多少等）外还有势（发展变化趋势），具有俯视的连锁效应；机器学习中无论是深度学习、强化学习还是其他学习，都少了从势到态的凌驾，只有从态到势的亦步亦趋，其中少了许多试探性的刺激—选择—调整。对人的学习而言，即使对同一概念的表示（用词）往往有不同的主观和客观成分，如何能尽量达成共识。这也许涉及事实与价值的比例问题。人际交流的语言是能指与所指混合的复合双向通道，而目前的人机交互只能指向单一通道，这就导致了当前的智能传播还没有出现弦外之音和言外之意。也许在不远的未来，人机智能传播会在能指和所指之间形成一种“能所 + 所指”的折中交互方式，以利于联系人与机的智能传播体系发展。机器学习常常有名无实，而人可以有名有实，还可以无名有实、无名无实。打破事实时空域的是价值域，引导价值域走势的责任性，进而形成了一条区别、比例、决策链。人的智慧表现在：动态的表征 + 动态的推理 + 动态的规划 + 动态的实施，其中的动态既基于事实和价值，也基于责任和义务。机的智能则不然。

未来智能平台的快速发展面临的一个关键是人机环境系统的协调发展，这里的“人”涉及设计者、制造者、管理者、营销者、消费者、维护者等；这里的“机”不但是指智能装备中的软件、硬件，还将涉及产业链中各环节之间衔接的机制机理；这里的“环境”涉及诸多领域的“政用产学研商”合作协同环境；通过人、机、环境三者之间态、势、感、知的相互作用，实现精准发力、数据整合等新型 AI+ 的应用。所以：

研究复杂最好从简单开始，

研究事实最好从价值开始，

研究群体最好从单一开始，

研究组织最好从网络开始，

……

研究表征最好从弥聚开始，

研究决策最好从个性开始，

研究人机最好从边界开始，

研究未知最好从已知开始，

研究模型最好从类比开始，

研究内容最好从形式开始，

研究意识最好从物质开始，

……

研究智能最好从区分开始，

研究指挥最好从控制开始，

研究算法最好从数据开始

研究开始最好从结束开始，

……

反之，也成立。

如何实现人机融合智能中深度态势感知功能与能力的有机结合程度是衡量该系统好坏的主要指标。能力主要是产生意图，功能侧重于实现意图，一个主动，一个被动。意图不是靠（拍）脑门产生出来的，是人机环境相互交互涌现出来的，所以这是一个既“复”又“杂”的复杂性问题，也许会涉及分工与协同的一些基本问题。研究复杂性问题最好的办法就是从简单出发，例如研究人、机的“学习”，最好就是从娃娃抓起，孩子们学习语言比较快，除了大脑发育的原因，另外一个重要的可能是他们所有的概念、知识形成与客观事实形象等有关，无论东西，天地纵横，无法无天，想的很少，稀有琢磨、不管因果、无缘无故就形成了价值意义，比较容易形成指数级连锁反应，孩子们这种“主动犯错误”的方式，也许是获得创造性思维能力的一个重要途径；而成人学语言的困难除了来自大脑发育之外，往往与从价值意义到客观事实形象有关等，社会习俗，个人习惯，环境约束，边界条件，瞻前顾后，左思右想，不敢、不愿、不应犯错误的这种先入为主的因果方式往往制约着各种关联关系的爆发涌现。

人机融合在本质上是事实与价值变动的一种形式与方法，它不仅从来不是而且永远不可能是静止不变的。借用生物学上的一个术语，可把人机融合过程的“不断从内部革新工效结构，即不断地破坏旧的和不断创造新的结构”这种过程，称作“结构突变”。人类的模式识别与机器的模式识别根本不同，人的模式不仅是状态上的，而且是趋势性的“得意忘形”。如果说，机器的模式识别是事实性的实构体，那么人类的模式识别则是事实性与价值性混合的虚实体。

那么如何建立起研发者、使用者与系统之间的信任关系将会变得越来越重要，目前人机融合的解决办法有两个：第一个是让人参与到系统的训练过程中（这里涉及人何时、何地、何方式有效参与到系统中的问题）；第二个是尽可能地多分配决策的任务给人来完成（这里涉及如何筛选出适合人的决策任务及其防止“投射效应”

程度的问题）。尽管已经有人做过实验证明了这两点可以增加人对机器/系统的信任程度，但该结论是否具有广泛性需要更深入的分析和研究。

人的智表现在：动态的表征+动态的推理+动态的规划+动态的实施。

关键问题是什么是智能这一概念没有搞清，现在的人、机结合或“融合”只能是在人工智能的范围内改进一些。现在的人工智能就是以统计加优化为基础的，可是人的智能不用统计，人工智能学习要数据库，可是人不要用数据库。生物系统如果按优化规律做选择，那么世界只有一种最优化物种了。如果人要按最优化思维的话，那么哪里会有百花齐放、百家争鸣的局面。这个问题现在讨论还不是时候。

三、对未来人机融合智能领域的思考

人类文明的演化粗略可划分为西方文明和东方文明，人类对智能领域的理解也可大致划分为东西方这两大体系。人工智能领域的发展主要是延续了西方文明的科技脉络：逻辑+实验，而作为更为抽象的人性智能领域的反映，东方文明也起到了举足轻重的作用：洞察+平衡，也可以认为西方偏逻辑、算法，东方侧非逻辑、算理。

未来的人机融合智能形式需要解决的就是把东西方的合理部分有机地整合在一起，形成一套崭新的智能适配机理，这种适配性包括两部分：一部分是相互适应；另一部分是互相配合。若把机器看成是建立在确定性数据、算法、算力基础上的物体，那么人则应是建立在随机性知识、算理、算计基础上的物体，其中的知识具有主观性、强弥聚、富弹跳、不确定的特性。

某种意义上说，智能就是寻找最好替代的过程，这里的替代包括替代物、替代方案、替代系统等，寻找就是计算加上算计的混合处理过程，算计常常涉及宏观方向和内在道理，算法往往关联具体过程和方法手段。算计不是简单的计算逆过程。人的算计涉及显性、隐性知识，侧重价值化与事实性的融合，人和机器的计算包括可描述中可程序化的显性知识，聚焦事实性。机器计算中很难既对立又统一，而算计中却常常可以以和为贵。

无论人工智能还是人类智能，都有着一个共同的缺点：容易自我伤害，即聪明反被聪明误。因此，在人机融合智能的数据、信息、知识处理中，必须建立具有预见性的责任分配机制，及明确是否、何时以及在何种程度上使用何种算法系统。因而未来的人机融合智能中既应有技术也应有艺术，即凡是涉及人机融合的智能，无论概念、定义、推理、决策都不是固定不变的，在态、势之间还有一个中间区域——态势区：其中既有态也有势，既有事实也有价值，既有数据也有信息知识，既有公理也有非公理，既有直觉（非逻辑）也有逻辑，既有反思也有反馈（反思是动态的虚实复合反馈）。

目前，人机交互缺乏动态性，之间的定性分析还尚未完成，定量更为困难，例如，如何让机器“明白”人不同阶段的意图变化，如何让人理解机器的各种计算结果。有时候，大而全的数据库、知识库也可能是大的障碍，因为很多变化因素是很难（或还不能）用参数表示的，例如一个婴儿的哭可以是因为饿了，或是痛了，或是病了，或是困了……也可能是因为上述综合因素造成的，但是这种复合情况就很难用固定的数据库、知识库（甚至常规的知识图谱）进行表征。机器强化学习中的奖惩机制与人类的奖惩机制相差甚大，人类的奖惩除了“利”（事实）之外还有“义”（价值）；同样，机器的态、势、感、知机理与人类的态、势、感、知机理都大相径庭，机器基本上还是“以理服人”，而人类则是“情理交融”，机器与人的交互是两者单向的，而人与机器的交流则是人机环境系统之间多向的人机、机机、人环、机环、人机环，其中不但存在着大量的“交”，更有更多的“互”。人是环境的主动部分，机器只是人造的被动工具，例如现在许多机器的界面（如手机各种提醒方式）是不会随环境、任务、人的变化而随机应变的。

人类一般是通过日常常识进行关联和判断的，有些复杂的推理还与动态的预期有关；而机器是通过不完备的数据非（人类）常识连接 - 分析，没有类人的预期机制。从根本上说，机器的聪明、狭隘与人类的聪明、狭隘是不同的，人类处理问题的模型是在无限开放、非线性环境下不断跨域融合的创造型认知算理模型，而机器处理问题的模型是在有限封闭、线性环境下的经验型计算算法模型。目前，对于所有重要的人机系统而言，最终的裁判权还是人，这是因为这些问题的实质不仅是科学技术问题，还涉及大量的环境噪声、社会人文、伦理法律等非科学技术问题。人工（机器）智能是人们用逻辑编写固定的事实算法，考虑的是规则的搭配，如用手拿筷子或刀叉吃饭，而人类是用非逻辑（混合了事实、情感的更高阶逻辑）进行的动态价值算法，更多的是恰当的应变，如除了手拿筷子或刀叉之外，还可以用脚或其他工具吃饭。人工智能为“是不是”功能，人类智能是“应不应”能力，功能是工具非适应性的被动实现，能力是生命适应性的主动实现。人还不了解自己，尤其是没有真正认识人的认知与感觉形成的真正过程和实质。人类的神经网络并非人工神经网络，而是立体交织而成的多模态生物组织，人是环境的，很少有人在夏天无意识到下雪的情形，能否对自身、自我的行为的觉察和意识常常是人机的重要区别。

真实的智能并不是一开始就绝对的正确，也可能一开始就犯方向性错误，但在过程中不断地实时调整，过程中恰当地调整程序和时机、方式或许更能表征智能的大小和好坏。正如海森伯格所言：“任何理解最终必须根据自然语言，因为只有在那里我们才能确实地接触到实在。”实际上，小孩子的语言与成人的语言是不同的，同一个概念或语句，都带有某种发现和试探性，情感性多于知识性，价值性多于事实性，虚拟大于真实，他（她）在玩味这个概念或语句时，总是在可复制和不可复制之间找到一条最佳的道路来达成自我共识，并在未来能够较准确地迁移到其他某个情境任务中去。也许可以把维特根斯坦《逻辑哲学论》的第一句和第二句改为“世界是一切发生的事情和未发生的事情”和“世界是由事实和价值构成的，而不是由事物构成的”更为准确。

有位朋友（纽约老熊）认为:“其实，任何系统大到一定程度，都会有可解释性的问题。深度学习特别如此，因为没有人知道巨大数目的参数是怎么具体作用的。其他的系统，举例说，某个推理系统，如果大到一定程度，其表现的行为很难是精确可知的。不过，原则上是可知的,如果不计代价。这和（机器）深度学习形成对照”。语义的核心在于价值性，可解释性最大的困难在于语义的理解和说明，学习是为了建立事实联结，理解是为了实现价值联系，两者之间在进行相互重构的同时也存在着从事实到价值之间的巨大鸿沟。与机器学习不同，人类的学习是复合事实与价值的连接。当前，是否创造出新的可演化的机器学习模型是衡量是否为新一代人工智能的试金石。当今，机器学习不可能由一种算法统治，必然是由各种数学模型所构成的，根据具体应用的不同，选择最适应的机器学习模型。当然，机器学习一定有对应用的范围的适应性，有适应多领域应用的，也有仅适应单一领域的。在现阶段的算法领域中不可能产生比人机融合学习更强大的算力的任何模型，一套人机融合的计算计系统或算计算系统可能更能代表未来智能领域的发展趋势。

随着新一轮科技革命的发展，特别是网络通信技术的突破和人工智能技术的加强，人机融合领域也进入了新的时代。在当前这个时代，人机环境系统关系的内容和形式与以往有很大的不同，并导致人机融合策略的选择和交互策略的效果都与以往不一样了。在此情况下，以传统的人机交互观念和价值观念来理解当前的人机融合智能，很可能使这方面的研究陷入被动局面。因此，我们需要突破事实和价值分析等传统思维来理解当前的人机融合智能化问题和关系。任何智能都是针对具体问题提出的新解决方案，然而原有问题解决的同时必然会产生新的问题。因此，就需要进行新的智能来解决新问题，这就决定了人机融合智能只有进行时，没有完成时。

四、一场革命正在席卷人机融合智能

一个事物具有多面性，而且一个事物的优点常常在一定的情境中变成它的缺点，在另一些条件的作用下，缺点也可转变成优点。例如，一个事物的强大往往会忽略其致命的隐患，造成未来的不断弱化；反之，一个弱小的事物有时会强化其隐忧而变得日益强盛；仔细想一想，很多世事就像八卦图里的阴阳鱼一样变化多端。

太极八卦图，最开始时是一个圆圈，里外是一样的，形同虚设，但当人给出一个概念后，就变成了真正的界线。开始时圈内是浑然一体的，不分黑白以及中间那条线，人为地将这个概念表现为三种形式，白的为阳，黑的为阴，那条线是黑白统一体，最终归属黑白。有人把《易经》理解成：一个决策系统，是一种有效的简易模型。易，一曰容易，即大道至简；二曰变化，不可拘于形式。阴阳是抱合，而不是泾渭分明。一切都是一种动态的平衡。阴阳是不会转化的，阴阳不是对立的，不是矛盾的，它是一个事物的两个方面。

在经典物理学或“牛顿体系”中，人们普遍认为从大爆炸开始，一切就已经注定了。世界的演化是由一些数学公式来解释的，这些公式以最精确的方式从初始条件展开，来描绘这个世界。为此，物理学家运用经典数学的语言，用实数表示这些初始条件。瑞士日内瓦大学的物理学家尼古拉斯 · 吉辛（Nicolas Gisin）说：“这些数字的特点是小数点后面有无限位小数，这意味着它们包含无限量的信息。”

这种典型的实数有很多，它们都由一系列完全随机的小数组成，最为人所知的 π 只是其中之一。人们在日常生活中很少需要用到它们，但它们的存在是经典数学中公认的假设，这些数出现在物理学的许多公式中。

然而，有一个问题：既然我们的世界是有限的，那么它怎么能包含无限的数字和具有无限信息量的数字呢？为了避免这种“有限包含无限”的矛盾，尼古拉斯 · 吉辛教授建议回到经典物理学的源头——改变数学语言，这样就不必再依赖实数。

也许人类总是能在可能与不可能、应该与不应该、存在与非存在、意识与非意识、事实与非事实、价值与非价值、家族与非家族之间寻找到一种平衡去实现变化的意图和目的。在人机融合智能中，或许，人们的态势感知或深度高阶的态势感知与经典物理学里的方程精确描述了由大爆炸初始条件下所决定的世界的演化迥然不同，即人们日常的经验和直觉却常常与这种确定性的观点相悖——一切真的都是事先写好的吗？随机性仅仅是一种错觉吗？尼古拉斯 · 吉辛一直在分析现代物理学中使用的经典数学语言。他发现，解释人们周围现象的公式和有限的世界之间存在矛盾。他建议对数学语言进行修改，使随机性和不确定性成为经典物理学的一部分，从而使其更接近量子物理学。那么，我们是否也应该把随机性和不确定性看成传统人机融合智能中态势感知研究的一部分，从而使其更接近真实呢？

经典数学和直觉主义数学这两种数学语言之间还有另一个区别，就是命题的真实性。在经典数学中，根据排中律，一个命题非真即假。但在直觉主义数学中，一个命题要么为真，要么为假，要么不确定。因此，不确定性在直觉主义数学中是可以接受的。这种不确定性比经典物理学所提倡的最绝对的决定论更接近人们的日常经验。同样，这种不确定性也是人类智能、人机融合智能研究中更接近真实的（也是常常被大家有意、无意忽略的）重要组成部分，对此，我们同样建议对数学语言、智能研究思路（尤其是人机融合智能）进行修改，使随机性和不确定性成为经典智能的一部分，从而使其更接近真正智能的研究。

所以，在人机融合智能中的深度态势感知和量子物理学中也存在随机性。尼古拉斯·吉辛教授说：“有些人试图不惜一切代价避免随机性，把其他基于实数的变量包括进来。但在我看来，我们不应该试图通过消除随机性来使量子物理学更接近经典物理学。恰恰相反，我们最终必须通过引入不确定性，使经典物理学更接近量子物理学。”这句话同样也适用于智能研究领域。那么就需要在理论上搞清楚人和机的分界在哪里，事实与价值是如何混合的，直觉与逻辑如何协同等问题。

人们对世界的看法是通过人们所说的语言构建的。如果选择经典数学的语言，将很容易绕着决定论思考；相反，如果选择直觉主义数学的语言，将很容易趋向不确定性。在人工智能领域，不敢碰直觉的算法家、程序员们更是比比皆是。

尼古拉斯·吉辛教授解释说："我现在认为，我们已经接受了太多经典物理学的假设，这意味着我们已经整合了一种或许毫无理由的决定论。另一方面，如果我们选择将经典物理学建立在直觉主义数学的基础上，它也将变得不确定，就像量子物理学一样，并且将更接近我们的实际经验，为我们的未来打开其他可能性。"

也许，随着智能领域或人机融合智能领域研究的不断发展，这种变化可能会不断改变迄今为止的研究结果，但它会使人们更容易理解智能的本质和内涵——现有的数学、计算机、自动化、程序设计并不能满足实现的一面，最终放弃"一切注定"的世界观，为新的视角、随机性、机会和创造力腾出空间。

五、人工智能，伦理之问

人工智能的迅速发展也给人们的生活带来了一些困扰与不安，尤其是在奇点理论提出后，很多人质疑机器的迅速发展会给人类带来极大的危险，随之而来的很多机器事故与机器武器的产生更加印证了人们的这种印象。于是，关于机器伦理、机器道德的研究层出不穷。本部分就将从人工智能的伦理问题入手，先行论述人工智能伦理及其相关概念，再讨论一些人工智能伦理的焦点问题：如人工智能能否取代人类、人工智能的责任问题，并在最后给出笔者的一些看法。

伦理一词，英文为 ethics，它源自于希腊文的 ethos，其意义与拉丁文 mores 差不多，表示风俗、习惯的意思。西方的伦理学发展流派纷呈，比较经典的有叔本华的唯意志主义伦理流派、詹姆斯的实用主义伦理学流派、斯宾塞的进化论伦理学流派，还有海德格尔的存在主义伦理学流派。其中存在主义是西方影响最广泛的伦理学流派，始终把自由作为其伦理学的核心，认为“自由是价值的唯一源泉”。

在中国，伦理的概念要追溯到公元前 6 世纪，《周易》《尚书》已出现单用的伦、理。前者即指人们的关系，“三纲五常”“伦理纲常”中的伦即人伦。而理则指条理和道理，指人们应遵循的行为准则。与西方相似，不同学派的伦理观差别很大，儒家强调仁、孝、悌、忠、信与道德修养，墨家信奉“兼相爱，交相利”，而法家则重视法治高于教化，人性本恶，要靠法来相制约。

总的来说，伦理是哲学的分支，是研究社会道德现象及其规律的科学。对其研究是很必要的。因为伦理不但可以建立起一种人与人之间的关系，并且可以通过一种潜在的价值观来对人的行为产生制约与影响。很难想象，没有伦理的概念，人们的社会会有什么人伦与秩序可言。

其实在人工智能伦理一词诞生以前，很多学者就对机器与人的关系进行过研究，并发表了自己的意见。早在 1950 年，维纳在《人有人的用途：控制论与社会》一书中就曾经担心自动化技术将会造成“人脑的贬值”。20 世纪 70 年代，德雷福斯曾经连续发表文章《炼金术与人工智能》以及《计算机不能做什么》，从生物、心理学的层次得出了人工智能必将失败的结论。而有关机器伦理（与人工智能伦理相似）的概念则源自《走向机器伦理》一文。文中明确提出：机器伦理关注于机器对人类使用者和其他机器带来的行为结果。文章的作者之一安德森表示，随着机器越来越智能化，其也应当承担一些社会责任，并具有伦理观念。这样可以帮助人类以及自身更好地进行智能决策。无独有偶，2008 年英国计算机专家诺埃尔·夏基教授就曾经呼吁人类应该尽快制定机器（人）相关方面的道德伦理准则。目前国外对于人工智能伦理的研究相对较多，如 2005 年欧洲机器人研究网络（EURON）的《机器人伦理学路线图》、韩国工商能源部颁布的《机器人伦理宪章》、NASA 对“机器人伦理学”所进行的资助等（注：我们认为人工智能伦理与机器（人）伦理本质上没有太大区别，两者可以替换）。而且国外相关的文献也相对丰富，主要集中在机器人法律、安全与社会伦理问题方面。

国内方面相关研究起步较晚，研究不如国外系统与全面。但是近些年来，相关学者也将重点放在人工智能的伦理方面。相关文献有《机器人技术的伦理边界》《人权：机器人能够获得吗？》《我们要给机器人以“人权”吗？》《给机器人做规矩了,要赶紧了？》《人工智能与法律问题初探》等。值得一提的是,从以上文献可以看出,我国学者已经从单纯的技术伦理问题转向人机交互关系中的伦理研究，这无疑是很大的进步。

不过，遗憾的是，无论是在国内还是国外，现在仍然很少有成型的法律法规来对人工智能技术与产品进行约束，随着人们将注意力转向该方向，相信在不远的将来，有关政府部门会出台一套通用的人工智能伦理规范条例，来为整个行业做出表范。

有关人工智能与人的关系,很多人进行过质疑与讨论。1967 年,《机器的神话》作者就对机器工作提出了强烈的反对意见，认为机器的诞生使得人类丧失个性,从而使社会变得机械化。而近些年来,奇点理论的提出与宣传，更加使得人们担忧机器是否将会全面替代人类，该理论的核心思想即认为机器的智能很快就将超过人类。

笔者认为,人工智能不断进步,这是个不争的事实。机器的感觉、运动，计算机能都将会远远超过人类。这是机器的强项，但是不会从根本上冲击人类的岗位与职业。这是出于以下几方面的考虑：首先，机器有自己的优势，人类也有自己的优势，且这个优势是机器在短期无法比拟与模仿的。人类具有思维能力，能够从小数据中迅速提炼归纳出规律,并且可以在资源有限的情况下进行非理性决策。

人类拥有直觉能够将无关的事物相关化。人类还具有与机器不尽相同的内部处理方式，一些在人类看来轻而易举的事情，可能对于机器而言就要耗费巨大的资源。2012 年，Google 训练机器从一千万张的图片自发地识别出猫。2016 年，谷歌大脑团队训练机器，根据物体的材质不同，来自动调整抓握的力量。这对于一个小孩子来说，是很简单的任务，但在人工智能领域却正好相反。也许正如莫桑维克悖论所阐述的，高级推理所需要的计算量不大，反倒是低级的感觉运动技能需要庞大的计算资源。

其次，目前人类和机器还没有达到同步对称的交互，仍然存在着交互的时间差。目前为止，仍然是人类占据主动，而且对机器产生不可逆的优势。皮埃罗 · 斯加鲁菲在《智能的本质》一书中曾经提出：人们在杂乱无章中的大自然中建立规则和秩序，因为这样的环境中人类更容易生存和繁衍不息。而环境的结构化程度越高，制造在其中的机器就越容易，相反，环境的结构化程度越低，机器取代的可能性越小。由此可见，机器的产生与发展是建立在人们对其环境的了解与改造上的。反过来，机器的发展进一步促进了人们的改造与认知活动。这就如天平的两端，单纯地去掉任何一方都会导致天平的失衡。如果没有人类的指引与改造作用，机器只能停留在低端的机械重复工作层次。而机器在一个较低端层次工作的同时也会使得人们不断追求更高层次的结构化，从而使得机器向更高层次迈进。这就像一个迭代上升的过程，人 - 机器 - 人 - 机器，以此循环，人类在这段过程中总是处于领先的地位。所以机器可以取代人类的工作，而不是人类。

再次，人工智能的高速发展同时带来了机遇。诚然，技术的发展会带来一些负面影响，但是如果从全局来看，是利大于弊的。新技术的发展带来的机遇就是全方位的。乘法效应就说明了这个道理：在高科技领域每增加一份工作，相应地在其他行业增加至少 4 份工作，相应地，传统制造业为 1:1.4。我们应该看到，如今伴随着人工智能业的飞速发展，相关企业如雨后春笋般诞生，整体拉动了相关产业（服务业、金融业）的发展，带来了更多的就业机会。

而且，任何一项技术的发展都不是一蹴而就的，而是循序渐进的过程。无论是最早期的类人猿的工具制造，还是后来的电力发展，再到现在的互联网时代，技术的发展与运用是需要时间来保证的。现在社会上有些人担心人工智能的发展会立即冲击自己的工作，实则是有些“杞人忧天”。以史可以明鉴，历史上大的技术突破并没有对人类的工作产生毁灭性的打击。蒸汽机的诞生替代了传统的骡马，印刷机的诞生取代了传统的抄写员，农业自动化设施的产生替代了很多农民的工作，但这都没有致使大量的工人流离失所，相反，人们找到了原本属于人类的工作。新兴技术创造的工作机会要高于所替代的工作机会。所以，人们不必过分担心机器取代人类工作的问题。

2016 年 7 月，特斯拉无人驾驶汽车发生重大事故，造成了一名司机当场死亡。这件事故很快成为了新闻媒体的焦点。人们不仅仅关注这件事情本身所带来的影响，更加担心机器作为行为执行主体，发生事故后责任的承担机制。究竟是应该惩罚那些做出实际行为的机器（并不知道自己在做什么），还是那些设计或下达命令的人，或者两者兼而有之。如果机器应当受罚，那究竟如何处置呢？是应当像西部世界中将所有记忆全部清空，还是直接销毁呢？目前还没有相关法律对其进行规范与制约。

随着智能产品的逐渐普及，人们对它们的依赖也越来越深。在人机环境交互中，人们对其容忍度也逐渐增加。于是，当系统出现一些小错误时，人们往往将其归因于外界因素，无视这些微小错误的积累，人们总是希望其能自动修复，并恢复到正常的工作状态。遗憾的是，机器黑箱状态并没有呈现出其自身的工作状态，从而造成了人机交互中人的认知空白期。当机器不能自行修复时，往往会将主动权转交给人类，人类就被迫参与到循环中，而这时人们并不知道发生了什么，也不知道该怎样处理。据相关调查与研究，如果人们在时间与任务压力下，往往会产生认知负荷过大的情况，从而导致本可以避免的错误。如果恰巧这时关键部分出了差错，就会产生很大的危险。事后，人们往往会责怪有关人员的不作为，往往忽视机器一方的责任，这样做是有失偏颇的。也许正如佩罗所说：60%~80% 的错误可以归因于操作员的失误。但当我们回顾一次次错误时，会发现操作员面临的往往是系统故障中未知甚至诡异的行为方式。我们过去的经验帮不上忙，我们只是事后诸葛亮。

其实，笔者认为人工智能存在三种交互模式，即人在环内、人在环外与以上两者相结合。人在环内即控制，人的主动权较大，从而人们对整个系统产生了操纵感。人在环外即自动，人的主动权就完全归于机器。第三种情况就是人可以主动 / 被动进入系统中。目前大多数所谓的无人产品都会有主动模式 / 自动模式切换。其中被动模式并不可取，这就像之前讨论的，无论是时间还是空间上，被动模式对于系统都是不稳定的，很容易造成不必要的事故。

还有一种特殊情况，那就是事故是由设计者 / 操纵者蓄意操纵的，最典型的就是军事无人机这种武器，军方为了减少己方伤亡，试图以无人机代替有人机进行军事活动。无人机的产生将操作员与责任之间的距离越拉越远，而且随着无人机任务的愈加复杂，幕后操纵者也越来越多，每个人只是完成“事故”的一小部分。所以人们的责任被逐渐淡化，人们对这种“杀戮”变得心安理得。而且很多人也相信，无人机足够智能，与军人相比，能够尽可能减少对无辜平民的伤害。可具有讽刺意义的是，美国的无人机已经夺去了 2500~4000 人的性命。其中约 1000 名平民，且有 200 名儿童。2012 年，人权观察在一份报告中强调，完全自主性武器会增加对平民的伤害，不符合人道主义精神。不过，目前对于军事智能武器伦理的研究仍然停留在理论层面，要想在实际军事战争中实践，还需要做出更多的努力。

综上可以看出，在一些复杂的人机环境系统中，事故的责任是很难界定的。每个人（机器）都是系统的一部分，完成了系统的一部分功能，但是整体却产生了不可挽回的错误。至于人工智能中人与机器究竟应该以何种方式共处，笔者将在下面一节中给出自己的一些观点。

通过以上的讨论与分析，笔者认为，人工智能还远没有伦理的概念（至少是现在），有的只是相应的人对于伦理的概念，是人类将伦理的概念强加在机器身上。在潜意识中，人们总是将机器视之合作的人类，所以赋予机器很多原本不属于它的词汇，如机器智能、机器伦理、机器情感等。在笔者看来，这些词汇本身无可厚非，因为这反映出人们对机器很高的期望，期望其能够像人一样理解他人的想法，并能够与人类进行自然的交互。但是，当务之急是弄清楚人的伦理中可以进行结构化处理的部分，因为这样下一步才可以让机器学习，形成自己的伦理体系。而且伦理是由伦和理组成的，每一部分都有自己的含义，而“伦”，即人伦，更是人类在长期进化发展中所逐渐形成的，具有很大的文化依赖性。更重要的是，伦理是具有情景性的，在一个情景下的伦理是可以接受的，而换到另一种情景，就变得难以理解。所以，如何解决伦理的跨情景问题，也是需要考虑的问题。

而且值得一提的是，就人机环境交互而言，机指的不仅仅是机器，更不是单纯的计算机，而且还包括机制与机理。而环境不仅仅单指自然环境、社会环境，更要涉及人的心理环境。单纯地关注某一个方面，总会做到以偏概全。人工智能技术的发展，不仅仅是技术的发展与进步，更加关键的是机制与机理的与时俱进。因为两者的发展是相辅相成的，技术发展过快，而机制并不完善，就会制约技术的发展。现在的人工智能伦理研究就有点儿这个意味。现在的人类智能的机理尚不清楚，更不要提机器的智能机理了。而且，目前机器大多数关注人的外在环境，即自然环境与社会环境，机器从传感器得到的环境数据来综合分析人所处的外在环境，但是却很难有相应的算法来分析人的内部心理环境，人的心理活动具有意向性、动机性，这也是目前机器所不具备的，也是不能理解的。所以对于人工智能的发展而言，机器的发展不仅仅是技术的发展，更是机制上的不断完善。研究出试图理解人的内隐行为的机器，则是进一步的目标。只有达到这个目标，人机环境交互才能达到更高的层次。

人工智能伦理研究是人工智能技术发展到一定程度的产物，它既包括人工智能的技术研究，也包括机器与人、机器与环境及人、机、环境之间关系的探索。与很多新兴学科一致，它的历史不长，但发展速度很快。尤其是近些年，依托着深度学习的兴起，以及一些大事件（AlphaGo 战胜李世石）的产生，人们对人工智能本身，以及人工智能伦理研究的兴趣陡然上升，对其相关研究与著作也相对增多。但是，可以预期到的是，人工智能技术本身离人们设想的智能程度还相去甚远，且自发地将人的伦理迁移到机器中的想法本身实现难度就极大。而且如果回顾过去，人工智能总是在起伏中前进，怎样保证无论是在高峰还是低谷的周期中，政府的资助力度与人们的热情保持在同一水平线，这也是一个很难回避的问题。这些都需要目前的人工智能伦理专家做进一步的研究。

总之，人工智能伦理研究不仅仅要考虑机器技术的高速发展，更要考虑交互主体——人类的思维与认知方式，让机器与人类各司其职，互相促进，这才是人工智能伦理研究的前景与趋势。任何技术都是双刃剑，人工智能技术也不例外。AI 技术在军事上可以帮助隐真示假，造势用势；在民口上增强产品、系统的可用性。然而，近年来，据报道，大量的人工智能合成信息占据了人们的真实生活及虚拟生活——互联网空间，如“骚扰电话”“好评灌水”，数据污染，合成声音，AI 生成真人视频、图像、不存在的事物等，鉴于此，不少专家认为：人工智能的快速发展使得真实、虚拟生活空间从人与人的真实交流转化为智能化、自动化的平台间交互、对抗。那么该如何认识人工智能造假这个现象，进而如何改变这个现象是当前需要深入思考的一个重要问题。

机器本质上只是人造物，是不会造假的，它们更类似于函数，即将输入变为输出，只计多少，不问是非，更为关键的是数据、信息的变异是有人参与的演化、演变、演义，而不仅是演算。所以人工智能造假本质上是人的造假，是人通过编制好的程序和设备进行预设的有针对性的造假，就像许多魔术一样，只不过是用一些旧的公式、定理结合新的情境态势而拟合出的新算法而已（如一个训练良好的 GAN（生成对抗网络技术）配上丰富的数据资源，实现逼真的照片、视频及文本材料已经不是难事），其目的是使人产生感觉上的错乱、知觉上的欺骗，进而实现淹没真实、虚假得逞的局面。

然而世界是由事实（关系）构成的，而不是由事物（属性）构成的，从根本上而言，就算找到了构成事物的最基本单元，机器也无法真正明白各单元之间的相互作用，而这些相互作用关系才是世界最大的秘密，如现代物理学发现人的身体与水、石头等的基本物理微粒构造一样，但仍无法解释人类为什么竟然可以产生意识、情感。如果我们抓住了“事物之间的联系是世界之源”这个本质，则大多数人工智能造假情况都可能被识破、被痛击。

人工智能造假技术可以对深度态势感知或上下文感知技术进行相应的过滤、筛选、排除，如一个正常人不会轻易做不正常的事，一个正常的机构也不会肆无忌惮地无法无天。但是非常时期、非常情境却有可能出现意外，所以一般性地识别不难，难的是特殊情形下的细微区分和细甄。除了常规性的防伪技术手段之外，我们还需要开发新的深度态势感知技术和工具，尽可能地在造假的前期进行识别干预，从态、势、感、知等几个阶段展开深入分析和应对，如开发隐藏在视频中的水印，生成隐藏信息的对抗神经网络，具有深度态势感知的声音、视频、图像、电话、网络分析器、反像素攻击等技术，此外还可以研究相应的管理应急机制方法和手段，加强相关的法律道德管理，及早制定相关的法律法规，做好相应的知识普及，让反人工智能造假技术相关应用能够真正落地到相关单位和千家万户之中，真正实现人 - 机 - 环境系统联动的反人工智能造假生态链。

假的真不了，真的假不了，魔高一尺，道高一丈，毕竟，再好的人工智能都是人造的，而人工智能造的假应该不可能是完备的，而人类本身就是对付不完备性最好的猎人，坏人在真实世界里得不到的东西在虚拟世界里也不会得到的，毕竟以坏人为中心的情境是违反大多数人最根本利益的。

第10章

人机融合智能的再思考

10

一、人工智能的起源与未来发展方向

人工智能（AI）真正起源于欧洲，最初形态是以哲学、数学的形式表现出来的，如古希腊哲学中的“我是谁？”、莱布尼茨数学里的“普遍文字 + 理性演算”等。1956 年的达特茅斯学院暑期论坛根据英国一位数学家的想法提出了人工智能（AI）的概念。此后 60 多年，人工智能随着机器学习、数据挖掘、深度学习等技术的发展取得了显著的进步。在这期间人工智能产生了三大主流理论思想，分别是以神经网络为代表的连接主义、以增强学习为代表的行为主义和以知识图谱（专家系统）为代表的符号主义。最近，美国国防部先进技术局 DARPA 基于技术特征对 AI 技术发展阶段的分析判断，认为 AI 已经历第一波和第二波浪潮，将迎来第三波浪潮：第一波 AI 技术浪潮开始于 20 世纪 60 年代初，以“手工知识”为特征，通过建立一套逻辑规则来表示特定领域中的知识，针对严密定义的问题进行推理，没有学习能力，处理不确定性的能力很弱。第二波 AI 技术浪潮开始于 20 世纪 60 年代末，以“统计学习”为特征，针对特定的问题域建立统计模型，利用大数据对它们进行训练，具有很低程度的推理能力，但不具有上下文能力。第三波 AI 技术浪潮以“适应环境”（上下文自适应）为特征，可持续学习并且可解释，针对真实世界现象建立能够生成解释性模型的系统，机器与人之间可以进行自然交流，系统在遇到新的任务和情况时能够学习及推理。AI 的持续自主学习能力将是第三波 AI 技术浪潮的核心动力。在此基础上，我们经过思考和分析，认为第四波 AI 技术浪潮会以“主动适应环境”（更大范围的上下文自适应）为特征，具有可持续学习 + 不可持续学习并且可解释 + 不可解释，针对真实 + 虚拟世界现象能够生成主动适度解释性的模型系统，机器与人之间可以进行自然的深度交流，系统在遇到新的任务和情况时能够实现人机互学习及互推理。人机融合中的主动性互学习、互理解、互辅助……互助融合能力将是第四波 AI 技术浪潮的核心动力。

客观地说，人工智能只是人类智能可描述化、可程序化的一部分，而人类的智能是人、机（物）、环境系统相互作用的产物。智能生成的机理，简而言之，就是人物（机属人造物）环境系统相互作用的叠加结果，由人、机器、各种环境的变化状态所叠加衍生出的形势、局势和趋势（简称势）共同构成，三者变化的状态有好有坏、有高有低、有顺有逆，体现智能的生成则是由人、机、环境系统态、势的和谐共振大小程度所决定的，三者之间具有建设性和破坏性干涉效应，或增强或消除，三位一体则智能强，三位多体则智能弱。如何调谐共频则是人机融合智能的关键。当代人工智能由最初的完全人工编译的机器自动化发展到了人工预编译的机器学习，接下来的发展可能是通过人机融合智能的方法来实现机器认知，最终实现机器觉醒。

二、人机融合智能未来的关键问题

目前人机融合智能的发展还在初级阶段，人机融合智能的第一个关键问题，也是最重要的问题，是在于如何将机器的计算能力与人的认识能力结合起来。目前处在应用阶段的人机融合中人与机器的分工明确，没有产生有效的结合作用。人类在后天的学习中不断拓展认知能力，所以人类能够在复杂的环境下更为精准地理解到态势的发展。通过联想能力，人能够产生跨领域结合的能力，而这种认知联想能力恰恰是缺失的。如何使得机器产生这种能力是实现真正智能的突破口。朱利奥·托诺尼的整体信息论（Integrated Information Theory，IIT）表明，一个有意识的系统必须是信息高速整合的。同时，进化出有仿认知能力的机器，需要保证人与机器之间的共同意识的存在。所以人和机器之间必须建立高速、有效的双向信息交互关系。认知的基本在于抽象，而对于机器来说抽象能力决定了问题的限制环境，越是抽象的思维表征越能够适应不同的情境。同时，高抽象能力也会带来更普适的迁移能力，从而突破思维的局限性。1971 年图灵获奖者约翰·麦卡锡发表观点：“与所有专门化的理论一样，所有科学也都体现在尝试中。当你试图证明这些理论时，你就回到了尝试推理，因为常识指导着你的实验”。常

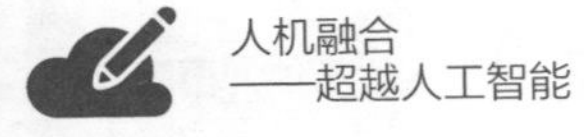

识就是非结构化的多模态信息、支持的复合体，在认知里的常识是人类的先验知识，而计算机的信息输入恰恰忽略掉常识。所以研究知识本身、知识类型、知识原理也是突破认知与计算结合的关键。

人机融合的另一个关键问题是公理与非公理混合推理，直觉与理性结合的决策。公理是数学发展史中的理论基础，而在科学研究过程中逻辑推导是最为核心的方法。同样地，计算机的运行过程依旧是按照严密的算法语言运行的。但是人类的决策不同于这个过程，人类的联想能力还依赖于类比推理。类比推理为非公理推理的一部分。非公理推理决定了在弱态势情况下的强感知问题。这种学习方法依赖于先验知识，通过利用大数据与概率的方法实现。而实现机器的非公理推理是人与机器的区别之一。更是人的情感在机器上实现的重要途径。通过先验知识人类产生直觉，而理性的分析是直觉的对立面。机器总是在理性地处理数据，而如何让机器产生直觉能力是人机融合的平滑性的关键。公理与非公理推理，直觉与理性的结合决策将是解决人机融合智能输出的重要研究方向。

人机融合智能的关键问题还包括介入问题，介入问题反映了人机融合的时机与方式问题。这个问题尤其在当人与机器出现对感知信息的不对称，人与机器在决策的方向出现矛盾时。同时人机融合中的介入问题体现在团队态势感知之中，而团队任务的比重也逐渐偏向于人机群的团队态势感知。团队态势感知中团员之间的交互包括接受、容忍、信任、匹配、调度、切换、说服，这是使得团员之间的合作产生团队大于个人的条件。而人机融合中的介入问题与人与人之间的交互问题具有同样的复杂度，从技术角度讲，人机融合智能绝不仅是一个数学仿真建模问题，同时是一个心理学工效问题，还应是一个实验统计体验拟合的问题。

人机融合智能的最后一个关键问题是伦理问题。人类价值观的起源是伦理学。从团队态势感知里不同个体的不一致性不难看出，人类本身拥有很多伦理道德困境，此外，人工智能的出现也带给了人类对待人工智能的伦理问题的思考。与此同时，人机融合智能的范畴归属是人机融合智能伦理问题的关键。人机融合智能的伦理不仅包括人工智能的伦理，其中包括人工智能的思想产生对于实际法律问题的影响，而且包括人机融合后的界定，所产生的行为是归属于人还是机器的思想。在思想之外，人机融合智能中设备作为人的一部分所产生的行为需要面对具体的法律责任，也是人机融合智能在接下来发展的问题之重。

三、人机融合智能未来的发展方向

（一）信息融合与人机融合智能

信息融合起源于数据融合，或者说数据融合是信息融合的第一阶段。数据融合利用多传感器探测数据所得到的数据与结果形成单一传感器无法得到的更准确可信的结论和质量。最早的数据融合限于硬件设备的差异多需加入人工的梳理，尽管如此，传感器依旧会因硬件问题带来时效性和精度的问题，从而对后续的工作产生接二连三的影响，这使得研究向融合方式逐渐转变。信息融合发展的第二阶段除采用多传感器探测数据还融入了其他信息源。同时，比起传感器数据的融合，多信息源的信息融合方法和技术难度更大。需要从统计学和结构化模型迈向非结构化模型，以及人工智能技术和基于知识的系统。除此之外，信息融合正在不断地加入态势、影响估计等高级感知领域。现阶段的信息融合模型依然仅采用海量数据规模、快速动态的数据体系、多数据类型和低数据价值密度。

信息融合是人机融合智能中关键的一环。在目前的两个阶段中，信息融合无论在理论上还是在技术和应用实现上都只在于力图建立一个能够自动运行的产品，嵌入到应用系统中或直接作为系统应用到相应业务活动中。而在传统结构化数学模型和方法，如统计学、计算方法、数学规划以及各种信息处理算法无法解决的目标识别、态势估计、影响估计等高级融合问题，则求助于不确定性处理和人工智能技术。然而，当前不确定性处理技术特别是人工智能技术的发展与高级信息（如人的需求）相差甚远。而在处理不确定性问题时，涉及“是”（being）的问题到“应该”（should）问题的转变，是人的优势所在。在信息融合系统运行过程中添加人的选择判断与行动管理是使得信息融合智能在观测、判断、分析与决策方面的高级感知领域取得质变的关键。

（二）态势感知与人机融合智能

态势感知（Situation Awareness，SA）概念最早出现在航空心理学中，描述飞行员对作战飞行任务中态势的理解。态势感知的经典理论是 Endsley 于 1995 年提出的三级模型，其定义为人在一定的空间和时间内对环境中各要素的感知（Perception）、综合理解（Comprehension）以及预测（Projection）的能力。20 多年来，SA 的研究逐渐扩展到民航飞行员、空中交通管制员、核电厂的操作员、军事指挥员等。在这些领域中，操作者的 SA 是影响决策质量和作业绩效的关键因素，拥有良好的态势感知对复杂和动态的系统，如航空、空中交通管制、飞机驾驶等任务中的决策起到了关键的作用。

态势感知的概念出现在人机协同的工作中。在态势感知的三级模型中，感知即获取信息，而在高负荷的认知条件下信息的获取主要依赖机器的传感器，后经过计算机的处理呈现给操作员。三级模型中机器在感知阶段扮演着重要的角色。而在预测后的决策阶段，同样需要机器与人之间的协同判断与分析。三级阶段中彼此阶段之间的人机分离是模型中的缺陷。而推动态势感知中人与机器融合是实现态势理解获得良好绩效的关键。在人、机器与环境构成的特定情境的组成成分常会快速变化，在这种快节奏的态势演变中需要充分的时间和足够的信息来形成态势的全面感知与理解。同样，人机融合智能也在态势不足的情况下，凭借先验知识通过大数据处理分析在辅助操作员的决策方面提供了若态势下强感知的解决方法。

（三）自主性与人机融合智能

自动化已经应用在了各种系统中，并且通常包括需要软件提供要逻辑步骤与操作。传统的自动化的定义为“系统在没有、很少人为操作员参与的情况下运行：但是，系统性能仅限于其设计要执行的具体操作”。相比于自动化系统，自主性涉及使用额外的传感器和更复杂的软件，以便在更广泛的操作条件和环境因素以及更广泛的功能或活动范围内提供更高水平的自动化行为。自主系统具有一定程度的自主行为（用人的决策代理）。通过软件方法可以扩展到基于计算逻辑（或者更普遍地基于规则的）方法以包括计算智能（例如，模糊逻辑、神经网络、贝叶斯网络）。另外，学习算法可以提供学习和适应不断变化的环境的能力。自主是自动化的一个重大扩展，在这种扩展中，高水平的面向任务的命令将在各种可能不是完全预期的情况下成功执行，就像我们目前期望智能人员在给予足够的独立性和任务时运行一样执行权限。自主是良好的设计和高度自动化。

但是自主系统常面临几个常见的问题。自主系统的设计能力问题，即自主性在人与自动化之间的平衡问题。面临新环境与一成不变的环境、轻度重复的工作与可信赖的重复工作、可不连续与始终如一、不可预测与可预测的博弈；操作员对自主系统的态势感知能力，高级的自动化很容易让操作员不了解自动化在做什么，所以需要给飞行员提供合适的参与度，保持与自主系统不脱节；辅助系统的问题，自动化的辅助系统常常给操作员很高的信任感，以此类比向专家求助问题，专家的标签本身就带来一种信任，而实际上真正对结果的评价应该在于问题本身的解答，而不是外在的标签。同样的辅助系统会给操作员带来同样的信任，但这种信任在有偏差的情况下会带来灾难；信任问题，信任问题受到系统因素、个人因素、情境因素的影响，自主系统对现实状况带来的错误的判断会使操作员对系统的信任迅速降低，而怎样让操作员信任自主系统，在此心理环境下做出更好的任务操作很重要。

人机融合智能中的一个重要课题是如何解决人与自动化的平衡问题，人与机器之间的信任问题。自主系统下也需要以人为中心，并不需要寻求完全用机器取代人，人在其中的控制和指挥是必不可少的。所以需要更加灵活的自主性和自主权的切换。随着系统能力的提升，自主性的水平也在提升。决策辅助为操作员提供潜在的选项，而监督控制时操作员可以进行适当的干预。具体情境下使用何种水平的自主性系统是动态变化的，例如在风险低的情境下可以使用高度的自动化，而在风险发生变化之后应该调控人在自助系统中的参与度。共享人和机器的态势感知也非常重要。即便在相同的显示器下处于相同环境中的人也会因为不同目标和心理模型，从而对未来的预测也是不同的。自主系统通过传感器获取信息理解世界的方式和人不同。所以需要对人和机器的态势感知进行共享。具体体现在目标一致、功能分配和重新分配，寻找人与机器各司其事的平衡，决策沟通，包括对战略、计划和行动以及任务调整，因为任务通常需要对双方都有紧密的依赖，所以从这四个方面需要保持自主系统和人的态势感知保持一致性。

四、人机融合智能面临的困难

“智能”这个概念就暗含着个体、有限对整体、对无限的关系。针对智能时代的到来，有人提出，“需要从完全不同的角度来考虑和认识自古以来就存在的行为时空原则”，如传统的人、物、环境关系等。当人们进行一段智能活动时，一般都会根据外部环境的变化进行关键点或关键处修正或调整，通过局部与全局的短、中、长期优化预期，实时分配权重于各种数据信息知识处理，更多的是程序化 + 非程序化混合流程。而机器智能则很难实现这种随机的混合应变能力，确定性的程序化印记比较突出，像 AlphaGo/ 元 /star 这样比较优秀的智能系统，主要赢在边界明确的计算速度和精度上，对于相对开放环境下的博弈或对抗则没有在封闭环境下表现得那么好，甚至会很不好。真正的智能不仅仅是适应性，更重要的是不适应性，进而创造出一种新的可能性，智能很可能不是简单的顺应、适应，更重要的是不顺应、不适应，进而创造出一系列新的可能性，如自由、同化、丰富、改变、独立。图灵机的缺点是只有刺激 - 反应而没有选择，只有顺应而没有同化机制。

世界是由联系构成的还是由属性构成的？这是一个值得思考的问题。应该是由两者共同构成的吧！《道德经》第四十章中说：“反者道之动；弱者道之用。天下万物生于有，有生于无”，这一句话正是这种思想的集中体现，这里说到“反者”相对于“正者”，也有“往返”的意思；而“弱者”是相对于“强者”，有了反者才有正者，这叫作阴阳。反者道之动，在这里用一句非常讲究的话来说明“道”，就是“一阴一阳之谓道”。弱者、强者都是阴阳。有了阴阳道才能动，才有相互作用。

信息化的本质是计算事实，智能化则是认知价值。从数据到信息到知识（结构）是认知计算，从知识到信息到数据（解构）是计算认知。若把智能看成语言，那么人工智能像是语法，人类智能更像是语义、语用。语法基于规则、统计和概率，而语义、语用则是基于一种人们之间使用有意义元素组成的约定，潜意识里的约定俗成比语法更为跨界、灵活，而且人们目前对它的规律还未形成有效的规则认知，于是它便成了复杂性事物。符号化是规范性语法的表征，情境化是自然性语义的依据。个境与群境有还原成分，也有新异元素，理解智能的难点之一就是内外一多共存的交织干扰和影响。把任何时间、地点、信息送给任何人转变为在恰当的时间、地点、方式信息送到恰当的人手里就是智能的表现形式之一。在全局，人是机的升维，机是人的降维；在局部，则反之。因为全局涉及的是异构事物、非家族相似性；而局部则相反。对人类的智能系统而言，围棋的作用还仅仅是局部的局部。

人工智能的最底层技术是二极管的 0、1 二元逻辑，人类智能的最底层技术是人的多元意向（非逻辑）。人类智能则是艺术，人工智能主要是技术。人工智能就是一个工具，很多人却把它当成了万能的钥匙，更有人把它想象成了无所不能的孙悟空和圣诞老人，而忽略了人的智慧的作用。人类智能是一种涉及感性（尤其是勇敢）更多的智能，在紧急态势迅速变化时，一个人由情感而非思维支配，因而理智需要唤起勇气素质，继而在行动中支撑和维持必要的理智，在人类智能中，我们往往可以看到有序、无序之间的创造性张力，如在很多情境下，你所看到的同一事物（如苹果或 1 小时）往往不同，主动看、被动看、半主动看都不一样。人工智能常常容易形成的偏见，从规则的知识图谱中提取出先验和常识，并将之作为约束条件引入生成模型，可能会让智能程序的运行大打折扣，所以，如何把人的模糊感知、识别与机器的精确感知、识别结合将是一个非常值得思考的问题。

（一）人机认知不一致性问题

人机智能难于融合的主要原因就在于时空和认知的不一致性。人处理的信息与知识能够变异，其表征的一个事物、事实既是本身同时又是其他事物、事实，一直具有相对性，而机器处理的数据标识缺乏这种相对变化性。更重要的是人对时间、空间的认知是具有意向性的，是具有主观期望的（should），而机器对时间、空间的认知是偏向形式化的，是客观存在的（being）。二者不在同一维度上，所以具有很强的不一致性。人的认知是侧重于心理层面的，是主观的；而机器的认知是偏向于物理层面的，是客观的。在认知方面，人的学习、推理和判断随机应变，时变法亦变，事变法亦变，而机器的学习、推理和判断机制是特定的设计者为特定的时空任务拟定或选取的，和当前时空任务里的使用者意图常常不完全一致，可变性较差。这种不一致性既包括人的主观预期与机器的客观数据反馈的不一致性，也包括人的主观预期与客观事实的不一致性。

许多事物表面上看是非逻辑的问题，如以弱胜强的许多案例，其实从实质上看是逻辑问题，这些以弱胜强里的弱是相对的，在局部却经常以强胜弱，所以非逻辑里包含着许多逻辑关系。同样，不少逻辑问题里也存在着非逻辑问题，如顺理不成章的一些案例，表面上顺理，实际上这些理是变理，是不完备的道理，是有前提边界条件约束的，当这些诸多前提边界条件约束发生一些微小改变时，自然就成不了章了。由此可见，逻辑与非逻辑共存于事物之中，也是有序与无序的根源，其中的交互与组织就是人机融合智能研究的重点，也是人机融合智能的难点。

人机融合的另一个关键问题是公理与非公理混合推理的融合，直觉与理性结合的决策。公理是数学发展史中的理论基础，而在科学研究过程中逻辑推导是最为核心的方法。同样，计算机的运行过程依旧是按照严密的算法语言运行的。但是人类的决策不同于这个过程，人类的联想能力还依赖于类比推理。类比推理为非公理推理的一部分，非公理推理决定了在弱态势情况下的强感知问题。这种学习方法依赖于先验知识，通过利用大数据与概率的方法实现，而实现机器的非公理推理是人与机器的区别之一，更是人的情感在机器上实现的重要途径。通过先验知识人类产生直觉，而理性的分析是直觉的对立面。机器总是在理性地处理数据，而如何让机器产生直觉能力是人机融合的平滑性的关键。公理与非公理推理，直觉与理性的结合决策将是解决人机融合智能输出的重要研究方向。

（二）意向性与形式化问题

英国的计算机科学家、人工智能哲学家玛格丽特博登很早就提出了人工智能的核心和瓶颈在于意向性与形式化的有机结合，时至今日仍未有突破，实际上这也是人机融合智能的困难之处。在目前投入应用的人机融合产品中，人与机器分工明确，但并未有机地结合。人类能够在环境信息、资源不完备的情况下对态势的发展做出更好的预测，这是因为人类在后天的学习中可以不断地增强自身的认知能力。机器不具有联想能力，而人类恰恰可以通过联想产生跨领域结合的能力。所以怎样使机器产生联想能力是实现真正智能的关键所在。

意向性是对内在的感知的描述（心理过程、目的、期望），形式化是对外在的感知的描述（物理机理、反馈）。人机融合智能及深度态势感知就是意向性与形式化的综合。形式化更多的是倾向于让人们对事物有一个直观的空间上的认知，而把这种空间上的认知延伸到时间上描述，就是意向性。形式化是态，那么意向性就是势。人机融合就是要形成一个对内在外在、主观客观、认知与行为上的感知的整体描述，形成一个可以描述人的心理过程、目的、期望以及机器的物理机理、反馈的模型。

当前智能领域面临的困难是人的意向性与行为的差异程度，行为可以客观形式化，而意向性是主观隐性化的，一个智能系统想要形成和存在，其内部的构件在本性或运行规律上就必须拥有既相互吸引又相互排斥、既靠拢又闪避、既结合又分离、既统合又脱节的能力。人机融合智能中意向性是联结事实与价值的桥梁，形式化可以某种程度实现这种意向性。

（三）休谟之问的伦理问题

人机融合智能的最后一个关键问题是伦理问题。人类价值观的起源是伦理学。人类本身拥有很多伦理道德困境，人工智能的出现也带给了人类对待人工智能伦理问题的思考。与此同时，人机融合智能伦理问题的关键之一是人机融合智能的范畴归属。人机融合智能的伦理问题包括人工智能的伦理以及人机融合后的责任归属，这也是人机融合智能在接下来发展的重要问题。

休谟问题说的是从事实推不出价值来，可是，这个世界却是一个事实与价值混合的世界，不知从价值能推出事实吗？汉字就是智能的集中体现，有形有意，如日、月、人，一目了然；西方的文字常常无形无意，逻辑类推。智能的本质就是把意向性与形式化统一起来，所以汉字从象形到会意的过程就是人类自然智能的发展简史……汉字的偏旁部首就是一种类的封装，把强相关的字聚在一起。如果说人类造字是语言表征的封装积累，那么，人类造智则是思想意识的拓扑延展。智能不是百科全书，而是包含不少的虚构和想象，不仅是分类，还要合类，不仅合并同类项，而且要合并异类项，因而，智能产品系统的顶层设计非常重要。人工智能一般是逻辑（家族相似性）关系，人类智慧常常是非逻辑（非家族相似性）的。未来的智能是在特定环境下人的智能与机器智能的融合，即人机融合智能。人机融合智能不是人工智能，更不是机器学习算法。同样，人工智能、机器学习算法也不是人机融合智能，人机融合智能是人机环境的相互融合，是《易经》中的知几（看到苗头）、趣时（抓住时机）、变通（随机应变）。人机融合智能是随动，不是既定，其中的“知己知彼”中的“知”不是简单的态势“感知”，更是态势“认知”。认知是从势到态的过程，感知是从态到势的过程。认知侧重认，信息输入处理输出流动过程；感知侧重感，数据信息的输入过滤过程，认知涉及先验和经验等过去的感知，所以态势认知包括了以前的态势感知。人工智能是一把双刃剑，计算越精细准确，危险越大，因为坏人可以隐真示假，进行欺骗，所以人机有机融合的智能更重要。客观而言，当前的人工智能基本上就是自动化 + 统计概率，简单地说，归纳演绎的缺点就是用不完备性解释完备性。

毕加索曾透露：“绘画不是一个美学过程，而是……一种魔法，一种获取权力的方式，它凌驾于我们的恐惧与欲望之上”。看懂了毕加索的作品，就能理解毕加索想要表达的“魔法”，并且把它运用到生活中的其他领域，尤其是智能领域和人机融合智能领域。

需要注意的是，休谟问题至今尚未真正得到解决。正因为“价值”是相对的，因人而异的，所以这一问题也永远不可能真正地得到解决，这一点已经在前面做出了论述。唯物主义者虽然想把唯物主义贯彻到精神领域，但这是永远也不可能做到的。因为精神和物质，在本质上是完全不同的东西，一个是主观，一个是客观。就如同怀疑论者经常使用的“桶中脑实验”（英国哲学家普南提出，有的版本也翻译为“缸中脑”）描述的那样，人们对于这个世界的认识，其实完全只是一种主观的判断，这种判断和真实的“客观世界”是否一致，人们永远也不可能知道。虽然某些唯物主义者总喜欢用“无数次的实践”来证明主观与客观理论上最终能达到这种一致性，但实际上，“无数次的实践”是不可能做到的。所以说这只是一种空想罢了。

五、人机融合智能的难点：深度态势感知研究

态势感知的定义不在此做赘述。态势感知（Situation Awareness）一词最早于第一次世界大战中提出，之后在心理学领域中作为“情境意识”被广泛应用，直到 1988 年 Endsley 对态势感知的重新定义，以及其在 1995 年提出的著名的态势感知三级模型，标志着将态势感知迁移到了工程学领域中，再到 2003 年 Wickens 提出的基于注意力的态势感知模型（Attention-Situation Awareness Model，A-SA 模型）以及 Hooey 于 2010 年将态势元素（Situation Element）引入态势感知研究中，标志着态势感知研究由主观数据驱动到客观数据驱动，由定性分析到定量分析的过渡。近年来，随着人工智能相关技术的迅猛发展，网络态势感知（Cyber Situation Awareness）成了网络安全领域的研究热点。态势感知似乎成了一种研究方法（Method），而不是一个可以指导人们认识世

界、改造世界的方法论（Methodology）。当前的态势感知理论技术仍然存在很多不足，主要是未将人的心理活动过程与机器的外在表现形式以及环境中的态势要素有机地结合。鉴于此，本节尝试提出了深度态势感知这个概念，具体说明如下。

深度态势感知的含义是“对态势感知的感知，是一种人机智慧，既包括了人的智慧，也融合了机器的智能（人工智能）”，是能指+所指，既涉及事物的属性（能指、感觉），又关联它们之间的关系（所指、知觉）；既能够理解弦外之音，也能够明白言外之意。它是在Endsley以主体态势感知（包括信息输入、处理、输出环节）的基础上，对包括人、机（物）、环境（自然、社会）及其相互关系的整体系统趋势分析，具有“软/硬”两种调节反馈机制；既包括自组织、自适应，也包括他组织、互适应；既包括局部的定量计算预测，也包括全局的定性算计评估，是一种具有自主、自动弥聚效应的信息修正、补偿的期望—选择—预测—控制体系。

在维纳出版的著作《控制论——关于在动物和机器中控制和通信的科学》中，维纳将控制论看作是对机器、生命以及社会的规律进行研究的科学，是研究个体（可能是生物，也可能是机器）在动态环境中怎样保持稳态的过程的科学，控制论的思想和方法对社会科学与自然科学领域的研究产生了深远的影响。在《控制论——关于在动物和机器中控制和通信的科学》一书中，维纳提出：“控制的核心是反馈，反馈是人们的目的性行为”。然而，控制论在揭示机器的自然存在时不仅完全屏蔽了社会巨型机——它本身不过是其中的一个时段和一个成分，而且还完全屏蔽了组织生成性这个关键问题，而生成性则是除人造机之外一切物理、生物和社会机器所固有的禀性。

事实上，把生命体特有的“目的性行为”概念用“反馈”这种概念代替，把按照反馈原理设计成的机器的工作行为看成为目的性行为，并未突破生命体（人）与非生命体（机器）之间的概念隔阂。原因很简单，人的“目的性行为”分为简单显性和复杂隐性两种，简单显性的“目的性行为”可以与非生命体机器的“反馈”近似等价（刺激—反应），但复杂隐性的“目的性行为”——意向性却远远不能用“反馈”近似替代，因为这种意向性可以延时、增减、弥聚，用“反思”定义比较准确，但“反思”概念却很难用非生命体的机器赋予（刺激—选择—反应）。“反思”的目的性可用主观的价值性表征，这将成为人机融合的又一关键之处。价值将由吸引子和动机共同构成。反思是一种非生产性的反馈，或者说是一种有组织性的反馈。自主是有组织的适应性，或被组织的适应性。据此我们将 Endsley 态势感知三级模型和维纳的“反馈”思想结合，提出了一个基于“反馈”的深度态势感知模型，如图 10-1 所示。

深度态势感知理论模型在不同情境下处理信息的方式会有所区别，并且以往关于态势感知的研究都充分说明了态势感知具有实时性，即态势感知会随时间而不停地更新、迭代。所以我们尝试着对态势感知进行细化，并提出了一个基于循环神经网络（RNN）的深度态势感知理论框架，如图 10-2 所示。

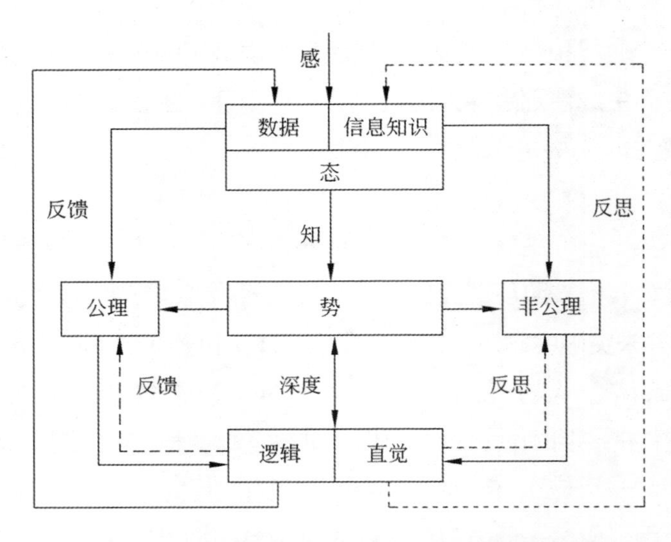

图 10-1　基于“反馈”的深度态势感知模型

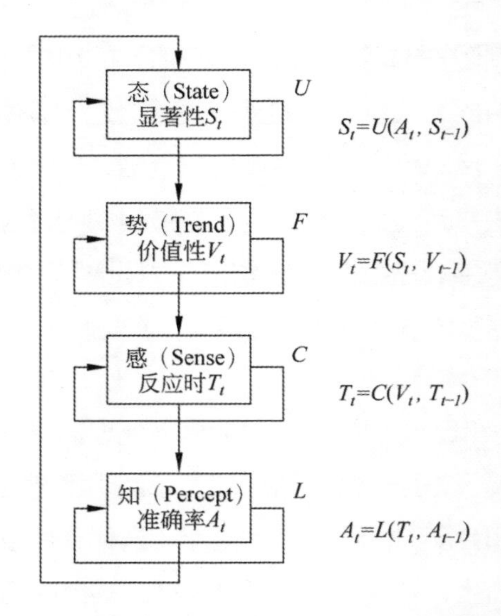

图 10-2　基于 RNN 的深度态势感知理论框架

我们将态势感知中的“态”定义为人机环境系统中的各类表征个体状态的主客观数据，即 State；“势”定义为事件的发展趋势，即 Trend；“感”定义为对系统中“态”的觉察，即 Sense；“知”定义为对“势”的理解。该理论框架就是为了辅助人们更好地“感态”“知势”。而为了获取数据，必然要引入客观数据，根据之前的研究，可以将态形式化为显著性，势形式化为价值性，感为反应时，知为准确率。感态着重于时效性，而知势更倾向于有效性。

“我思故我在”，这是笛卡儿二元认知论的起点，也是终点，即唯一确定的事，就是“我”的体验。根据认知科学的解释，由于在大多数情况下人的认知能力是有限的，所以最优化是无法实现的。参与人还必须了解他的目标方程，这就要求另一个庞大的认知性先决条件，如同参与人发现他们所处的环境一样，系统地描述这一目标方程是极其复杂的。知己知彼不可分，不知彼就不能知己，任何事物本身不能解释自己，只有从其他参照物处才能感知、理解、发现、说明、定义自己（我是谁，我从哪里来，我要去哪里），进而可以认为：自我是不存在的，没有环境和参照物，自己解释不了自己，如同“我”的概念定义不能为“我就是我”一样。再进一步，自我意识也可能是不存在的，它也是交互的产物，只不过可以穿越时空逻辑关系罢了。实际上，所有的自主系统都是不由自主，只不过显隐程度不同而已。之后，笛卡儿将自己的哲学观点形式化为著名的二元直角坐标系。

鉴于笛卡儿的观点，深度态势感知虚实参照系可分为人机不同的态（事物）参照系、势（事实）参照系、感（显著）参照系、知（价值）参照系，当这些虚实参照系大部分一致，抑或没有本质的矛盾时，才有可能产生正确的觉察和决策行为。

只有在把一物与他物区分开来，才会对该物有了认知。只有把一个人的知识或信仰状态与他人的区分开来，才会对一个人有了解。哲学上最难，也是最重要的任务之一，就是明确世界的两类特征，即那些独立于任何观察者而存在的内在特征和那些相对于观察者或使用者而存在的外在特征。例如一个物体有质量（无论对谁而言）与这个物体是浴缸（也可是水缸、饰缸、粮缸）。所以对深度态势感知系统研究的下一步工作，就是将其具体应用到某一或某些情境中，检验其有效性和可靠性。

也许很多人看过《黑客帝国》这部有关人工智能的科幻电影，其英文名称为 *Martrix*，即“矩阵”。的确，现在的人工智能相关技术（大数据、机器学习、深度学习等）是以矩阵论、概率论等数学理论为基础发展而来的，并且为人们生产生活提供了便利，甚至一定程度上带动了社会变革。人工智能所取得的成就得益于自 17 世纪以来 400 年间人们对数学的不懈追求，但现今人工智能所忽视的，也可能是帮助人们突破当今人工智能瓶颈的，恰恰是几千年来对人们对世界的认知以及对自我反思的研究。所以，如何将自然科学与社会科学有机地结合，是下一代人工智能技术的研究重点。

人造的机器有存在但没有自我。自我诞生于对自身存在的经常性的交互、组织和产生。产生不出主动性的交互和组织，就不是自主，就没有自我，没有自我，就不可能出现感己与感彼、知己与知彼，感性就联系不上理性，客观就不能形成主观，事实就不能衍生出价值。智能，尽管是一种复杂系统问题，涉及面极广，本质上仍旧是主观与客观、感性与理性、意向性与形式化的对立统一（人机环境）系统而已。其核心价值依旧离不开基础理论的突破，而不是数据、算法、算力和实验。人机融合，不仅仅是造出更高级的机器，设计出更好的算法，获得多么大的数据，而是人自身知性的改造，即思维逻辑的改造、重塑与变革。

在浩瀚的宇宙中，人类渺小得不过沧海一粟，就像巨大矩阵中的一个元素。人工智能未来的极限在哪里，人机融合智能是否能让机器突破自我认知这一瓶颈，一切都无从知晓，下结论为时尚早。

六、用户画像：人与机沟通的桥梁

（一）用户画像概念介绍

用户画像（Persona）是美国的软件设计师、“交互设计之父”艾伦·库伯（Alan Cooper）在 1983 年首次提出，并于 1998 年出版的软件设计著作《软件创新之路——冲破高技术营造的牢笼》一书中提出的一个概念。

奥美于 1997 年在营销学中使用了与此相类似的一个概念，即“顾客照片”（Customer Prints），这种“顾客照片”是对日常生活中的顾客典型的分类描述。

“每一个强大的品牌都拥有一个与品牌价值观一致的群体。人群总体按其典型性分为若干不同的群体，其中的每个群体有着相同或相似的购买行为，某个品牌（产品或服务）所拥有的群体，其个性和特征就能根据共同的价值观、态度和假设来理解。顾客照片就是抓住这些不同顾客群体的生活本质进行的描述”。

用户画像在基于情境的设计方法中起着重要的作用，它能够重复地在框架定义阶段用于产生设计概念，也能在优化阶段用来提供反馈，以保证设计上的正确性和一致性。

（二）人与机

客观地说，人工智能只是人类智能可描述化、可程序化的一部分，而人类的智能是人、机（物）、环境系统相互作用的产物。智能生成的机理，简而言之，就是人物（机属人造物）环境系统相互作用的叠加结果，由人、机器、各种环境的变化状态所叠加衍生出的形势、局势和趋势（简称势）共同构成，三者变化的状态有好有坏、有高有低、有顺有逆，体现智能的生成则是由人、机、环境系统态、势的和谐共振大小程度所决定的，三者之间具有建设性和破坏性干涉效应，或增强或消除，三位一体则智能强，三位多体则智能弱。如何调谐共频则是人机融合智能的关键。当代人工智能由最初的完全人工编译的机器自动化发展到了人工预编译的机器学习，接下来的发展可能是通过人机融合智能的方法来实现机器认知，最终实现机器觉醒。

由于人是人 - 机 - 环境系统的主体，只有深刻认识人在系统中的作业特性，才能研制出最大限度地发挥人及人机系统的整体能力的优质高效系统。

人机环系统中，人作为该系统的内涵主导者，与这个系统的研制、分析及运行的性能都密切相关。人体虽然是物质的，但具有感知、思维、智慧。一个好的人机环系统，必须建立在机对人有着良好认知的基础上。

那么，机器如何理解人呢？如何构建两者之间的沟通方式呢？

该问题等同于——如何进行深度的用户画像呢？用户画像可将用户所拥有的知识、价值、情感等模型转化为机器可理解的计算模型，使得计算机能够了解用户感知外界的方式、认识事物的过程和发出行为的模式。在基于对用户的理解的基础上，机器可以进一步地改变自身的行为模式来适应人的感觉方式，进一步使得人机交互元素能够尽可能地根据使用者的需求，适应人的特点，形成最和谐的人机融合。

用户画像是一种研究基于人类行为特征的深度态势感知系统技术，即研究在不确定性动态环境中人的组织的感知及反应能力。其对于社会系统中重大事变（战争、自然灾害、金融危机等）的应急指挥和组织系统、复杂工业系统中的故障快速处理、系统重构与修复、复杂环境中仿人机器人的设计与管理等问题的解决都有着重要的参考价值。

（三）基于深度态势感知理论模型的用户画像

深度态势感知是对感知的感知，是对人的认知、偏好、习惯、情感、记忆、认知的基础上，加上机的运算协同，两者互为补充，取长补短。用户画像的构建就是由态生势的过程。用户画像是人的认知活动（如目的、感觉、注意、动因、预测、自动性、决策、动机、经验及知识）的综合体现。基于深度态势感知理论，用户画像可从自然属性维度、价值取向维度、行为习惯维度、认知特征维度四个方面对人进行深度刻画。

事实上，把生命体特有的“目的性行为”概念用“反馈”这种概念代替，把按照反馈原理设计成的机器的工作行为看成为目的性行为，并未突破生命体（人）与非生命体（机器）之间的概念隔阂，原因很简单，人的“目的性行为”分为简单显性和复杂隐性两种，简单显性的“目的性行为”可以与非生命体机器的“反馈”近似等价（刺激－反应），但复杂隐性的“目的性行为”——意向性却远远不能用“反馈”近似替代，因为这种意向性可以延时、增减、弥聚，用“反思”定义比较准确，但“反思”概念却很难与非生命体的机器赋予（刺激－选择－反应）。“反思”的目的性可用主观的价值性表征，这将成为人机融合的又一关键之处。价值由吸引子和动机共同构成。反思是一种非生产性的反馈，或者说是一种有组织性的反馈。自主是有组织的适应性，或被组织的适应性。据此我们将Endsley 态势感知三级模型和维纳的“反馈”思想结合，提出了一个基于“反馈”的深度态势感知模型。

1. 态

深度态势感知中的“态”定义为人机环境系统中的各类表征个体状态的主客观数据，即 State。用户画像从海量信息中提取有用的信息、知识。用户画像中对自然属性维度的构建是用户画像的基础，对应于深度态势感知的“态”。在用户画像的自然条件维度下，包含了相对静态的人口统计学信息、物质条件与社会环境。自然条件维度的信息是最便于获取的表象信息，虽然在构建用户画像的过程中，往往会试图弱化这方面的信息，但不可否认的是，自然条件是构成用户认知与行为的基础之一。

2. 势

深度态势感知中“势”定义为事件的发展趋势，即 Trend。对应于用户画像中的价值维度。价值取向维度包含了个体对自身以及对群体与社会所能产生的价值的期望。人本主义心理学把“自我”看成行为的心理动因，认为理想的自我与现实的自我之间的差异是行为的动力源。现实的自我与期望的自我之间存在差距，实现这个差距弥合就是自我价值的实现、期望的实现。这种差距弥合也就是向期望的自我的不断迈近，是获得幸福的途径。价值取向是一种内隐或者外显的，关于什么是有价值的看法，是个人与群体的特征属性，影响着人们对行为方式、手段及目的的选择。个体价值观指引、推动了一个人的决策，作用于其行为准则与信念。人们对于目的、存在和意义的终极思考与探索都以各种形式储藏在个体价值观之中。

价值取向维度对于用户画像的构建最大的意义在于，找到了影响用户行为的动机源，它为用户的决策与行为提供了有方向的矢量的作用力。价值取向维度体现了用户的深层需求，表达了用户对自我的期望。

3. 感

一般而言，感对应的常是碎片化的属性，知则是同时进行的关系建立。“感”定义为对系统中“态”的觉察，即 Sense。类似于“感”对应于深度态势感知，行为模式是用户研究中非常重要的部分，也是构建人物角色模型的骨架。行为习惯体现了四个维度的表征，因而容易被观察到，也便于发现问题与进行优化与迭代。

4. 知

“知”定义为对“势”的理解，即 Precept。“感”与“知”的相互作用，关系密切。用户画像中，行为与认知的关系也是密切的。“知”包括了感觉、知觉、记忆、性格，它显示了用户的能量倾向、信息获取方式、决策方式、生活风格特征。它对应了人们在使用产品时对使用感的期望，或者具体交互行为的实现方式，这一维度聚焦用户的五感（尤以视听为主）、交互感与产品的物理设计。认知作用于行为，行为所产生的结果也影响了认知。一个人的行为是他的认知在一定的社会、文化空间下所显现出来的外在形态。而构建用户画像，便是有重点地勾勒一个典型用户的生活方式。

5. 反思

反思是用户对自身经历或接收到的信息的思维与处理的过程，它影响了人的审美倾向、偏好、价值观等。它具备深层与持久的驱动力，影响用户的决策，即使用户不一定能体会到他做此决策的根本原因。反思维度受价值取向维度的影响很大，价值取向很大程度会影响用户对事物或事件的思考与观点。

自然属性是构建动态用户画像的基础，价值取向由于其对用户生活方式构成的深远影响，与自然属性共同作为影响用户行为习惯与认知的固化层，具有长远的影响与驱动力。用户的行为习惯是在自然属性、价值取向、认知特征共同作用下的外化表现。行为习惯与认知特征具有相互影响的内在关系。

自然属性、价值取向、行为习惯与认知特征都不是独立存在的位面。它们之间互为驱动、相互作用、相互影响。因此，单单考虑用户的行为模式是片面的构建用户画像的方法，也是造成传统的用户画像工具在使用过程中发现真实用户与构建的用户画像偏差很大的原因。也许从这四个维度出发，构建出的用户画像可以更加准确地描述出典型用户。

第11章

人的智慧和人工智能

11

到目前为止，机器的存储依然是形式化实现的，而人的智慧往往是形象化实现的，人工智能的计算是形式化进行的实在，而人的算计往往是客观逻辑加上主观直觉融合而成的结果。计算出的预测不影响结果，算计出的期望却时常改变未来，从某种意义上说，深度态势不是计算感知出的，而是认知成的，自主有利有弊，有悖有义，是由内而外的尝试修正，是经历的验证 - 经验的类比迁移。如果说计算是脑机，那么算计就是心机，心有多大世界就有多大。

有人认为：人工智能就是人类在了解自己、认识自己。实际上，人工智能只是人类试图了解自己而已，因为“我是谁”这个坐标原点远远还没有确定下来……“我是谁”的问题就是自主的初始问题，也是人所有智能坐标体系框架的坐标原点，记忆是这个坐标系中具有方向性的意识矢量（意向性），与冯 · 诺依曼计算机体系结构的存储不同，这里面的程序规则及数据信息不是静止不变的，而是在人机环境系统交互中随机应变的（所以单独的类脑意义是不大的），这种变化的灵活程度常常反映出自主性的大小。例如语言交流是自主的典范，是根据交互情景（不是场景）展开的，无论怎样测试，都是脚本与非脚本的反映，其准确性的大小可以判定人机孰非……有人把语言分为三指，即指名、指心、指物，并指出研究这三者及其之间的关联一直是人工智能面临的难题和挑战。无独有偶，19世纪，英国学者就提出过能指、所指的概念，细细想来，这些恐怕都不外乎涉及事物的属性（能指、感觉）及其之间的关系（所指、知觉）问题。实际上，一个词、一句话、一段文都离不开自主的情境限定，我们知道的要（所指）远比我们能说出来的（能指）要多得多。若不信，想想你见过的那些眼睛会说话的人。溯根追源，究其因，一般是缘于此中的情理转化机制：感性是理性的虫洞，穿越着理性的束缚与约束；理性是感性的黑洞，限制着感性的任性与恣意。正可谓，自主的意识驾驭着情理，同时又被情理奴役着……

当前智能领域面临最大的困难是人的意向性与行为差异的程度，行为可以客观显性化，而意向性主观隐性化，意向性包括思与想，即反思和设想，反思是对经验的总结即前思，设想是面向未来的假定即后想，苦思冥想，目标都是为了解决当前的问题。

形式化和意向性的区别是表和里的区别，也是现象和规律的区别：日落与腿疼。日落是形式化的：现象是太阳落山，实际上是地球绕太阳转动这一客观规律的具体表象，腿疼的表象是腿疼，本质上是大脑特定部位的神经痛。如日落现象，物理数理性的时空感及定位与意向性的相差甚远。腿疼，状态空间、事实空间的痛与势空间、价值空间的苦是不一致的。

意向性是主体对事物的感知，因此是内在的、个性化的。形式化是对客体的感知，如物理定理、数学公式脱离个体存在而且为多数人所接受，因此是外在的、共性化的感知。

智能的本质在于自主与“相似”的判断，在于恰如其分地把握“相似度基准”分寸。人比机器的优势之一就是：可以从较少的数据中更早地发现事物的模式。其原因之一就是源于机器没有坐标原点，即“我”是谁的问题。对人而言，事物是非存在的有——其存在并不是客观的，而是我们带着主观目的观察的结果，并且这种主客观的混合物常常是情境的上下文的产物，如围绕是、应、要、能、变等过程的建构与解构往往是同时进行的。另外，即使是同一种感觉，如视觉也具备具体指向与抽象意蕴，握手的同时除了生理接触还可以伴随心理暗示。人脑在进行自主活动时可以产生“从欧几里得空间到拓扑空间的映射”，也就是说在做选择和控制时，人可以根据具体目的的不同，其依据进行的相似度基准（不是欧氏空间上的接近性，而是情理上的联系网络）是在变化的，并依此决定进行情境分类实施。

与机相比，人的语言或信息组块能力强，有限记忆和理性；机器对于语言或信息组块能力弱，无限记忆和理性，其语言（程序）运行和自我监督机制的同时实现应是保障机器可靠性的基本原则。人可以在使用母语时以不考虑语法的方式进行交流，并且在很多情境下可以感知语言、图画、音乐的多义性，如人的听觉、视觉、触觉等具有辨别性的同时还具有情感性，常常能够知觉到只可意会不可言传的信息或概念（如对哲学这种很难通过学习得到学问的思考）。机器尽管可以下棋、回答问题，但对跨领域情境的随机应变能力很弱，对彼此矛盾或含糊不清的信息不能反映（缺少必要的竞争冒险选择机制），主次不分，综合辨析识别能力不足，不会使用归纳、推理、演绎等方法形成概念，提出新概念，更奢谈产生形而上学的理论形式。

高手学习的方法：先用感性能力帮助自己选择，再用理性能力帮助自己思考。感性是内在的意向性，是潜在因素的关联显化。理性是形式化的意向性，是显性的关联关系。

除此之外，人的学习与机器学习不同之处在于：人的学习是碎片化＋完整性混合进行的，所以自适应性比较强，一直在进行不足信息情境下的稳定预测和不稳定控制，失预、失控场景时有发生，所以如何二次、三次……多次及时地快慢多级反馈调整修正就显得越发必要，在这方面，人在非结构、非标准情境下的处理机制要优于机器，而在结构化标准化场景下，机器相对而言要好于人。并且这种自适应性是累积的，慢慢会形成一种个性化的合理性期望，至此，自主（期望＋预测＋控制）机制开始产生了，且成长起来……智能不是百科全书,而是包含了不少的虚构和想象。爱因斯坦说“想象力比知识更重要，因为知识是有限的，而想象力概括着世界的一切,推动着进步,并且是知识进化的源泉”。虚构是智能的实质表征，从似曾相识、似是而非、似非而是等可强意会弱言传的现实存在可见一斑。

主流机器学习的办法是：首先用一个“学习算法”从样本中生成一个“模型”，然后以此模型为算法解决实际问题。而实际问题常常不严格区分学习过程和解题过程，而把整个系统运行分解成大量“基本步骤”，每一步由一个简单算法实现一个推理规则。这些步骤的衔接是实时确定的，一般没有严格可重复性（因为内外环境都不可重复）。因此一个通用的智能系统应该没有固定的学习算法，也应该没有不变的解题算法，而且“学习”和“推理”应是同一个过程。

另外，人的学习是因果关系、相关关系甚至于风俗习惯的融合，这些有的可以程序化，很多目前还很难描述清楚，如一些主观感受、默会的知识等，而机器学习显性的知识内涵要远远大于隐性的概念外延。实际上，对人的认知过程而言，规则与概率之间的关系是弥聚性的，规则就是大概率的存在，概率的本质则是没有形成规则的状态。习惯是规则的无意识行为，学习则是概率的累积过程，包含熟悉类比和生疏修正部分，一般而言，前者是无意识的，后者是有意识的，是一个复合过程。还有，人处理信息的过程是变速的，有时是自动化的下意识习惯释放，有时是半自动化的有意识与无意识平衡，有时则是纯人工的慢条斯理，但是这个过程不是单纯的信息表达传输，还包括如何在知识向量空间中建构组织起相应的语法状态，以及重构出各种语义、语用体系。

而且自由调节的环境系统触发了自主体系的反向运动，由此形成了人机与环境之间的多向运动或多重运动，进而导致了矛盾和冲突。这种不一致甚至相反问题的解决常常不是单纯数学知识力所能及的，一个问题在有边界、有条件、有约束的求解时是数学探讨，同一个问题无边界、无条件、无约束求解时往往变成了哲学研究。例如虚构如何修正真实，真实怎样反馈与虚构？这将是一个很有味道的问题。

一、智能的思考

人们一直认为人工智能只是人类智能可描述化、可程序化的一部分，而人类的智能是人、机（物）、环境系统相互作用的产物。智能生成的机理，简而言之，就是人、物（机属人造物）、环境系统相互作用的叠加结果，由人、机器、各种环境的变化状态所叠加衍生出的形势、局势和趋势（简称势）共同构成。三者变化的状态有好有坏、有高有低、有顺有逆，体现智能的生成则是由人、机、环境系统态、势的和谐共振大小程度所决定的，三者之间具有建设性和破坏性干涉效应，或增强或消除，三位一体则智能强，三位多体则智能弱。如何调谐共频则是人机融合智能的关键。

诗歌里常常能够找到一种非逻辑的逻辑，如同自主一样，具有一种有目的的可创造性，既包括同化机理，也涉及顺应机制。所有的逻辑都包含非逻辑，正如所有的非逻辑也包含逻辑一样。正如形中有意，意中有形，计中有算，算中有计。而好诗中的这些“巧妙”

都被储存在了词语及其语义的情感里。诗歌这种智能体的不确定性是由于表征与推理的可变性造成的。其机制背后都隐藏着两个假设：程序可变性和描述可变性。这两者也是造成期望与实际不一致性判断的原因之一。程序可变性表明对前景和行为推导的差异，而描述可变性是对事物的动态非本质表征。席勒就把审美意识称为“游戏冲动”，而“游戏冲动”是“感性冲动”与“理性冲动”的统一：单纯的“感性冲动”使人受感性物欲的限制，是一种不自由；单纯的“理性冲动”使人受理性（包括道德义务）的限制，也是一种不自由，只有结合二者的“游戏冲动”，能超越有限，达到无限，这才有了不受任何限制的自由。

爱因斯坦认为：西方科学的发展是以两个伟大的成就为基础的，那就是希腊哲学家发明的形式逻辑体系，以及通过系统的实验发现有可能找出因果关系。实际上，东方思想的发展也是以两个伟大的成就为基础的：一个是《易经》的虚实类比变化体系；另一个是《道德经》的一多有无价值关系。

有人认为AI系统是一次性使用的工具，而不是人类可重复多次使用的智能。图灵奖得主、贝叶斯网络之父Judea Pearl曾自嘲是“AI社区的反叛者”，因为他对人工智能发展方向的观点与主流趋势相反。Judea Pearl认为，尽管现有的机器学习模型已经取得了巨大的进步，但遗憾的是，所有的模型不过是对数据的精确曲线拟合。从这点来看，现有的模型只是在上一代的基础上提升了性能，在基本的思想方面没有任何进步。例如机器学习就是分层寻找特征值，输入标签的质量和数量很关键，而人通常知道每个标签的内涵外延和之间的弥散聚合关系，机器不懂，只是符号的规定舞蹈，场景的机械分割，不能产生整体的感觉、知觉和理解。理解就是看见了联系。在各种智能中，输入端的灵活性极其重要，标识内涵外延的弥聚弹性大小、速度如何在很大程度上就已经决定了智能的好坏（如同很多人生一样，儿时的理想和梦想就决定了他一生的方向高度），同时，这也是自主地产生新信息知识、新功能（函数）、新网络、新能力的基础。一般而言，标识范围太大了不好存储，太小了不能达意，标识命名的唯一性与泛化性（即弥聚效应）要保持平衡，即可理解性（语义性）与中心化（唯一性）的对立统一，所以输入数据、信息、知识标识的最小颗粒度，即边界范围的大小非常重要，颗粒度阈值过大易造成智能的不确定性，反之若过小易丢失关键特征。这些将直接影响智能的体系架构：表征—标识—组网—优化—修正—迭代。

除了输入端的表征随机变化之外，推理、决策的实施也非常重要。知识驱动与网络重构之间的迭代关系处理不好，智能的内容也很难形成多种有效的新知识。规划对智能来说“只是一个推敲的基础而已”。一个好的智能体系，依靠的并不仅是逻辑，还有直觉，比起刻板的理性逻辑推进，更忠实于自己的创新灵感。有点像宫崎骏所说的那样：“所谓的电影，并非存在于自己的头脑之中，而是存在于头上的空间。”“拍电影不能靠逻辑，或者说如果你换个角度看，任何人都可以用逻辑拍电影，但是我的方式是不用逻辑的，我试图挖掘自己的潜意识，在那个过程中的某个时刻，思维之泉被打开，各式各样的观点和想法奔涌而出。”宫崎骏作品的结构失衡，虽然有很多评论者都指出过，但很少有人对此做出批判。他的弱点反而被视为他作品的一种风格体现——“即使凭借感觉创作，依然能够创作出满足观众观影生理快感的电影，这体现出了宫崎骏非凡的才能。”

人类智能相比机器智能有许多不同的机理，其中的反思、冥想、忏悔等机制非常重要：反思是非事实性推断，是各种假设的复盘，可以把“做一件事”演绎成“做多件事”，这也是机器智能中的“反馈”机制望尘莫及之处；冥想是一种相关无关性的非逻辑，它视时、空、逻辑为无，有点像一些好的诗歌，任性地在动静、有无、虚实、强弱中游刃穿梭；忏悔是格式化自我，任何事物都有利弊的沉淀和垢余，时间一长，清理打扫是不可避免的，删除的垃圾信息越多，阻塞就会越少，复杂性就会越少，智能就会变得越智能，进而越容易形成智慧……

三位哲学家都在潜移默化地遵循着先 / 后天研究领域的规律：从逻辑走向非逻辑。这里大致有两个原因：首先，从研究的过程来说，“逻辑”主要涉及“判断理论”，它属于较高层次的意识活动；其次，涉及逻辑和数学的普遍有效性。弗雷格指出，心理规律是经验规律，只具有偶然的真理性；逻辑和数学的规律具有普遍必然性，它不能用经验的规律说明。也许这也是智能领域研究的突破口和切入点。

“逻辑”还涉及推理，它也属于较高层次的意识活动，而要讲清楚判断理论，还要对感觉、知觉等较低层次的意识活动进行研究，尤其是需要对物理性的数据、心理性的信息知识等的一多弥聚表征机理进行深入研究，“名可名，非常名”中的“名”，主要是讲这种动态的表征、命名、定义、范畴化。而“道可道，非常道”中的“道”反映的则是事实与价值、事物与关系的混合，既包括客观 being 也包括主观 should，既涉及逻辑和数学的普遍有效性，也涵盖了心理规律偶然性的真理，是逻辑与非逻辑的集合体，情感也许是一种自己逻辑与他人非逻辑的复合体。

老子的道极其自然，例如他说的“慧智出，有大伪”，其意思是人越追求智慧，人为的东西就越多，自以为是的成分就越大。这就需要把平常对待世界的看法颠倒过来，让事物来看我们，如同昆虫的复眼一般。塞尚说过：好的画家不是从外面而是从里面看世界的。有智慧的人也经常用和日常相反的方法看世界的，例如塞翁失马里的塞翁、井冈山上的星星之火等，我们不应该只是用科学的方法看世界，智能及其哲学应该使人真正向自然开放，使自然中的人机环境系统以它自有的形态向我们说话、展示。

以人为本的思想，在初级的人机融合智能中是可以理解的，机器的主要角色是辅助性的，但随着机器各种功能的不断提高，尤其是隐约出现类人能力的迹象时，“以人为本”的观念可能会被动摇，我们从《道德经》中的启示可见一斑：一是要把道的存在本身和人为构造区分开来；二是为了克服以人为中心就需要避免人为努力。

这是由于要克服人为努力，又需要另外一种人为（有点哥德尔数学不完备的味道）。老子主要是要克服人道主义，这种人道主义以儒家为代表，突出人的地位和作用，天在人道主义里是被遮蔽的。他认为：人并不重要，自然中存在的道才是中心。人只是自然中的一分子，只是物的一种而已，无限广阔的宇宙里存在着无穷无尽的变化，只有与之随动的人才能更好地发挥主观、客观能动性。例如，从文艺复兴到工业革命再到后来，每隔一段时间，世界图像就会更新一次。在西方，每一个阶段都会产生新的对世界的看法。

西方科技从东方思想里学到的最重要的一点是：如何克服主体形而上学。不少人认为主体性是与现代科技联系在一起的。现代科技从人们眼里看上去是一种机器，是以更多、更强的力量来控制自然，这个过程是无穷无尽的。西方的强权意志是用一种更强的东西克服形而上学,用更强的力量超出它。这种做法势必造成恶性循环：你用更强的来克服强的，那么实际上你和强的已经没什么两样了。而东方思想却是一种不同的克服办法：以弱胜强，即不是通过更强的来克服强的，而是通过弱的来克服强的。水“至柔至弱”，但是“攻坚强者莫善于水”。老子认为：雌性、否定性、被动的东西能克服雄的、肯定性的、主动的东西。海德格尔曾用一个词来概括之：Verbindung der Metaphysik,就是用下面的来克服上面的。东方“以柔克刚”的思想衍生出了“柔道”,这个“柔”不是一般意义上的弱，而是用你的力量来摔倒你。把进攻的、线性的力量转移方向使它对准进攻者自己，以此达到克服的目的。

人文艺术之所以比科学技术容易产生颠覆原创思想，主要是追求主观价值和意义，而不是单纯的客观事实存在，所以人文艺术哲学宗教给人提供了更广阔的想象空间，正可谓人们看见什么并不重要，重要的是人们如何诠释看见的事物。情感的本质就是价值的判断。价值的量化非常困难，这需要把价值的本质和计算的本质都搞清楚，才可能做价值计算。有人认为“绝对价值不好搞，能计算相对价值也行”，其实，相对价值计算更难，各种因素都在变，连坐标系都在变。

价值、意义本质上应该是主体、客体与环境相互作用的变化而改变的，例如有可能一条信息上一秒有价值，下一秒就完全没有价值了，也可能下下一秒又有更大的价值了，事物之间的关系改变很快，价值在过程中的变化因此也很大，这种怎么用算法实现，理论都还没搞清楚。这里还是想重复一下德里达那句名言:“放弃一切深度，外表就是一切”，他隐藏的意思是：生活本身并不遵守逻辑，它是非逻辑的，无标准的，就像文字学，以一种陌生的逻辑在舞蹈。

随着人类的发展和社会的变化，人们对战争、博弈、对抗的认识也发生了很大的变化，如征服大于摧毁的观念越来越强，人们对智能思维和意识的理解也发生着时代性的变与不变。从这个角度而言，未来的指控系统可能是艺术与科技的统一，是未来 Art（《孙子兵法》）+ 下一代 Theory（《战争论》）的共鸣谐振，其中的定性 / 定量、局部 / 整体、弥散 / 聚合、主要 / 次要、时间 / 空间、逻辑 / 非逻辑、对抗 / 妥协、协同 / 独立，甚至军与民等关系、边界也将会发生极大变化，但再好的技术和再强的装备都是为人更好地服务，以“人”为本短时间内还不会有根本改变。

客观地说，复杂性科学是一个错误的概念，复杂性是一个多学科融合的过程，而科学则是“分科而学”的过程，一个聚合过程，一个弥散过程，一正一反，所以正确的称谓应该是复杂性研究领域。智能就是复杂性研究领域中的一个突出代表，它根本上不是“分科而学”的科学，而是融合多学科的复杂性。

从不同角度看，也许客观规律并不具有唯一性，可谓“横看成岭侧成峰，远近高低各不同”。一个事物，从物理学、数理学、心理学、博弈学、伦理学、管理学角度都会不一致。也许会各有各的客观规律，各有各的逻辑线索，所谓非逻辑，往往是游刃于这诸多各自逻辑线索的适时、适处的辗转腾挪、缝补连接、恰到好处而已，有道是：逻辑是为非逻辑服务的、智能是为智慧服务的缘故。具体到人机融合智能中的深度态势感知，既有逻辑维度上的态、势、感、知，又有非逻辑上的态、势、感、知，逻辑上的可以形式化计算，非逻辑上的应该意向性算计，当前火热的 AI 们，试图解决的是前者，对后者一般采取的是视而不见，因为这个问题已足以困难到影响他们挣钱、消费和智商、情商的正常使用。

又红又专，这在中国曾一度是用人的标准，现在又渐渐日益得到重视。为什么？很简单，人无信不立，德不配位，才能越大，危害就越大，思想品质、伦理道德是方向性的大，而才学智能是过程性的小，正可谓：失之毫厘，谬以千里。当前，许多人有意、无意地把信息化当成智能化，许多人有心、无心地把自动化称为智能化，其结果不得而知，但很少有人把这些称为智慧化，为什么？缺“德”使然，智慧是融入了道、德、伦、理的智能，没有仁义道德岂敢论及智慧。仁，通人；义，为应；道，是路；德，同得。仁义道德就是“人（通过）应（当走的）路（获）得”。这也是智慧的内核和驱动：智能 + 伦理。伦理主要涉及的是人与人、人与社会之间所共同认定的思想行为规范关系，是对一定群体中事实和事物的分类、分析、分解，涉及安全、隐私、偏见、取代、不均等价值问题，也是是非、同情、同理心产生的人道基础，机（器之）道，即人的程序化知识表征对此还很无奈。

智慧是客观存在 being 与主观意向 should 的综合体，它弥合了事实与价值、主观与客观、伦理与智能之间的鸿沟，这既是通用智能或强智能领域的重要标志，也是反思智能和洞察智能的体现。世上许多道理或许是圆的，当你以为的正确时，或慢慢地或突然间变为错误，反之也成立，智慧之所以比智能更重要、更聪明，就是因为它可能预见到这些智能也无法述说的事、物反转和出乎智能的意料之外。

一个领域常常以一个错误为基础，但这并不必然是致命的，事实上许多领域都是以错误为基础的。例如化学就是以炼金术为基础的，认知科学就是假设“脑是一个数字化的计算机”这个错误为基础的，同样，人工智能则是以逻辑推理这个错误为研究基础开始的……

而人智能中可程序性的一部分被转化成了人工智能，而人智中许多可陈述但不可程序的部分和更多不可陈述的部分远远没有被转化，尤其涉及不可解释、不可学习的非逻辑部分（例如情感的深层次、意识的随机变、思维的模糊化）。

人，有一种更抽象的能力仍未被发现，这就是从非逻辑开始的智能系统。这种智能可以从错误开始，但总能找到适合的正确；这种智能可以从混乱开始，但总能找到依稀的有序；这种智能可以从事实开始，但总能找到意向的价值……同时，这种智能也可以从正确开始，但总能找到各种的错误；这种智能也可以从有序开始，但总能找到各样的混乱；这种智能也可以从价值开始，但总能找到相关的事实……正可谓，人总是从无知开始的：以后，就如迈克尔·波兰尼所言：我们知道的越多，我们知道的越少。

简单地说，5G 就是通信速度快，AI 就是处理精度准，两者结合后，人、机、环境系统之间的相互作用将会变得又快又准，进而影响生产、生意、生活、生命的方方面面，并会对衣、食、住、行、乐等领域实现极大的改变和重塑，充分体现出逻辑为非逻辑服务的力度和弹性。

针对上述认识，甚至有的朋友会误认为：“人，一出生，就是倒计时！幸好，有了 5G+AI”。似乎这两者的结合将大大有助于人类革命创新时代的来临，进而匪夷所思，目不暇接，如梦如幻，灰姑娘将不再灰，蓝精灵将不再蓝，罗密欧与朱丽叶将不再悲伤，梁山伯与祝英台将牵手成功……

在东方，感性一度被认为是万物之间一种超乎比例的关系，不太像几何学那样。在西方，牛顿本体论的元素是物质，存在于绝对的时间和空间。在牛顿系统中，并不需要引入意识、生命、组织、目的等，而这些恰是东方思想的重要之处。

5G+AI，这么快、这么准会带来更多好处的同时，应该也会带来许多意料之外的问题。仔细想来，很多问题的解决不一定需要很快和很准（确），例如不少决策问题，有的就需要慢，有的则需要模糊一点就很好。另外，虽然在现代数理逻辑世界中 1+1=2，但在心理、管理、伦理等非逻辑环境下 1+1 ≠ 2，有人甚至认为在听觉、嗅觉（而不是视觉）主宰的世界中，加、减、乘、除法很可能压根就不成立。人机环境系统中的相对论、不可测、不完备、不可能依然萦绕在 5G+AI 头上。

一个人机系统往往存在于一个变化的环境之中，其中人、机、环境等具有的属性和关系也会随机应变、顺势而变，涉及的意识、生命、组织、目的等也会随时、随势而产生相应的波动，这下可能会让 5G+AI 的优势将会产生不少的折扣。如何把未来科技组合（包括 5G+AI）的伦理道德融入进来已然成为当前科技创新技术需要深入思考的难点和热点。

系统越开放，越能够处理高复杂度，发生变异和产生新秩序的能力就越强。朱松纯老师之前写过一篇文章，介绍了两种人工智能的模式。一种称之为“鹦鹉范式”，鹦鹉可以与人类对话，但是不理解你在说什么。例如你说林黛玉，它也说林黛玉，但是它并不知道林黛玉是什么。还有一种是“乌鸦范式”，乌鸦找到核桃之后，会把核桃扔在路上，让车去压，压碎了再吃。但是因为路上车太多乌鸦吃不到核桃，于是乌鸦把核桃扔到斑马线上，因为这里有红绿灯，绿灯亮时车都停住了，它就可以去吃。这个例子是非常惊人的，因为乌鸦既没有大数据，又没有监督学习，却完全可以自主地研究其中的因果关系，然后利用资源完成任务，而且功耗非常小，小于1瓦，这给了他的研究团队很大的启发。

实际上，还有一种“乌鸦+鹦鹉”混合的人之范式，既可以Top-Down，也可以Bottom-Up。例如移动通信通常要实现双向工作，所谓双向工作，就是把数据同时进行传输。要实现双向工作，有两种方式：一种是FDD，基于两个频率进行输入、输出（收发）处理；另一种就是TDD，基于一个频率，但分时段收发处理。

人机融合智能中深度态势感知就是人、机与任务环境之间的多向工作机制，既有数据，又有信息和知识，更有智能、智慧（包含了伦理的智能）的传输、传递。要实现有效的多向工作，应该如何呢？数据是怎样变成信息的？信息是怎样变成知识的？知识是怎样变成智能的？智能是怎样变成智慧的？智慧是怎样变成伦理的？是非之心（智也）最难，因为有大量的似是而非和似非而是存在着，更有是非混合、融合搅拌着，一刻不停……如旋转的阴阳八卦图：有无、虚实、动静。

二、人的意识具有目的性

John Rogers Searle，1932 年 7 月 31 日出生于美国丹佛，是哲学教授。他主要研究语言的“目的性”。他不同意“强人工智能”的提法，认为感知出现于一个生物整个物理特性，人的意识是有目的性的，而计算机没有目的性，因此计算机没有意识。

他发现了一个目的现象的特性并称之为“适合方向”。例如某人看到一朵花，他的意识状态就适合了外部世界的状态。这个过程的适合方向是从意识向世界。但假如他伸手去采这朵花，那么他就要使得外部世界的状态适合他的意识状态。因此，这时的适合方向是从世界向意识。他还提出了一个称为“背景”的技术概念，这个概念引起了一些哲学探讨。简而言之，“背景”是一个目的性的行动的周围环境，其中包括行动者对世界的认识以及别人对他的目的的了解和认识。

他从理论上证明了一个社会环境中的集体目的性，提出了以下五个论点。

（1）集体目的性的活动是存在的，它与不是个人目的性活动的总和不是一回事。

（2）集体目的不能被简化为个人目的。

（3）上述两个论点有两个限制。

① 一个社会只是由其个人组成的，一个社会没有独立的团体意识或团体知觉。

② 个人或团体的目的性与个人信仰的真实性无关。

为了满足这些论点，他发明了一种描写集体目的性的方式来将集体目的性与个人目的性联系起来，而同时又将两者区分开来。其结果是个人目的性可以构成集体目的性。要构成一个集体目的性，一个人必须知道别人可以参加他的目的性。

（4）集体目的性的前提是对他人作为社会成员的一个背景了解：他人能够参加集体运动。

将这些论点集中在一起，我们获得最后一点。

（5）目的性理论加上上述的背景可以解释集体目的性。

他将他对目的性的分析运用到社会构造上。他的兴趣在于我们这个世界是怎样成为利用这些方面人共同的目的性的。例如一张五元的纸币只是凭集体目的性才成为一张五元的纸币的（缺乏这个集体目的性，例如在另一个国家中，这张纸币仅是一张印有花纹的纸而已）。只有因为社会中所有的人都认为它值五元，它才能够完成它的贸易作用。这与政府是否支持它的价值无关（假如大家都不信任它的价值，那么即使政府强制，它依然不会获得它的价值，这是为什么会出现黑市价的原因）。这样的社会构造充斥着人们的生活。人们使用的语言、人们对人们私有财产的拥有以及人们与其他人之间的关系都是建立在这样的目的性上的。

他对社会构造的研究成果与其他不认同有这样的与意识无关的事实的论点非常不同，他认为我们所称的真理是一种社会构造。

在人类的历史长河中，古埃及的象形文字、古巴比伦的楔形文字、古印度河流域的印章文字和中国的甲骨文共同形成了世界四大古文字体系。唯有中国的甲骨文穿越时空，至今仍在使用并且充满活力。其根本原因在于西汉时期出现了隶书——这一表意性文字，自此，中文文字完成了由表形（图画）到表意的惊险一跳，成为世界上唯一一个连绵不断的文明。智能科学的核心和关键依旧是何时能够完成“得意忘形”这一惊险的一跳，目前科技进展的种种迹象表明：人的意向性 + 机的形式化是实现智能的最高形式——“得意忘形”可能性最大的方式。

人工智能领域的先驱、贝叶斯网络之父 Judea Pearl 认为 AI

深陷于概率关联的泥潭，而忽视了因果。Judea Pearl 认为研究者应该研究因果（Cause and Effect），这可能是实现真正智能的机器的可能路径。

目前，人机融合智能系统的本质就是“物是人非”。机器这个人造物可以处理一定程度的相关、关联关系，而人类自己则可以拟合出风俗、习惯关系，甚至更为突出的因果关系。

Judea Pearl 在其新书 *The Book of Why* 中阐述了机器不能只有把发烧和疟疾联系起来的能力，还要有推理“疟疾引起发烧”的能力。一旦这种因果框架到位，机器就有可能提出反事实的问题——询问在某种干预下因果关系将如何变化，允许机器进行概率思维，而人则是有目的的概率思维。

智能化与自动化的主要区别是在不确定性很大的情况下基于各种信息（来自各种问题领域的信息）做出决策的能力，自我学习的能力，对“意外情况”和不断变化的情况的自适应能力。自我学习和自适应能力是系统独立（没有外部干预）完善其内置软件的能力，即在出现意外算法不能做出反应的能力。据此，我们可初步提出下面这个分布式深度态势感知的自适应控制系统理论框架：

人机融合智能 = 生物智能 + 非生物智能
= 刺激 / 选择 / 反应 + 刺激 / 反应

其中如何刺激、如何选择、如何反应将是构建的难点和热点。

这种分布式深度态势感知的自适应控制系统 ACT-DDSA（Adaptive Control of Thought-DDSA）主要包括数据库 +（新旧）知识图谱 + 任务要求（各种环境条件）+ 态势图谱 + 人的能力（负荷状态等）+ 机的能力（机器状态等）。

这个认知框架与以前的认知框架一个主要区别是：具有同化与顺应迁移机制。关于迁移，安德森等人提出了“共同要素理论”。这一理论实质上是桑代克的相同要素理论在信息加工心理学中的新版本，它的特点是以产生式规则取代了相同要素。理解知识如何在领域间迁移关键取决于认知任务分析（检查一个领域中已获得的知识结构，并评估对另一领域的应用性）。按照“共同要素理论”，两种技能之间发生迁移的条件是：它们之间必须共用相同的程序性知识，并且，两种技能之间的迁移量，可以通过计算它们共用的程序性知识的数量来做出估计：如果两种技能共用较多的程序性知识，它们之间将产生显著的迁移；如果两种技能共用较少的程序知识，即使它们共用相同的陈述性知识，它们之间也将产生很少的迁移或者没有迁移。这种迁移可能类似于随机函数（Randomized Function）定义的映射（Mapping），其实具体如何定义，还是次要的，把学习仅看成某种单层的映射，才是限制它们的根。如何产生合理的多层映射（包括虚实映射）是关键。

学习的机制至少包括下面三个环节：可变的表征 + 非单调的推理 + 融合决策。实事求是地讲，人的智能不是鸟，人工智能也不是飞机，尽管很多人都爱以此做某种类比。现代人工智能技术经过推理、知识、学习三个阶段进入了一个大家都翘首以待的时期，就像一个面对礼物盒充满遐想的小孩子一般……期望是可以理解的，谁不想在吃饱点后就想吃好点呢？但这种类人的智能缺乏人的智能特点：可变的表征 + 非单调的推理 + 融合决策（通情达理），会很难达到大众的胃口和期待。人的智能是推理的推理 + 知识的知识 + 学习的学习，还有理解的理解、意识的意识……如果说理解就是看见了联系，那得看是谁看的，什么时候看的，在哪里看的，如何看的，怎样看的联系……所以现在的人工智能的工作基本上可看作是编制程序人员 + 部分领域人员的特定情境下的视角，距离实际要求相差还较远。

一位朋友最近读了一年多的后现代史发现：国外的哲学家、史学家都特擅长文学，中国的哲学家、史学家都在拼命地和文学划清界限，有点像中国的人工智能学者们都拼命与哲学和心理学划清界限一般。其实，国外好的大学不要说人工智能专业，就是计算机专业的课程也常常开设一些人文、艺术、历史、哲学、心理等方面的课程，培养出来的是人，能够超越一般程序员和机械数学的引领者。套用一句经典语录：从一开始就输在了起跑线上了。人类认知过程常常是通情达理，通过故事来学习的。而 AI 目前是分裂的。首先，一部分人陶醉于机器学习、深度学习和神经网络的成功之中。他们不理解因果的观点，只想继续进行曲线拟合。但是和在统计学习范畴以外研究 AI 的人们谈论这些时，他们立刻可以理解。Judea Pearl 讲得很深刻，趋势外推所隐含的归纳思想在休谟和波普尔那里就被证明无法成为万能的工具。

不难看出，从根本而言，AI 还是 being 与 should 的问题。什么是正义？这也是人工智能的盲点和命门。正义就是公正的、正当的道理，应该 should。人自己都不知道什么是义，机器怎么知道呢？古人云：“玉不琢，不成器，人不学，不知义。”扪心自问：玉琢了，就能成器？人学了，就能知义？日本高知工科大学的任向实认为，人工智能的下一步发展，并非决定于诸如能否提高产量或更快捷高效地完成某些任务等传统指标，而是激发人类潜能的能力，而是旨在考虑身心健康、创造力、情感、道德观、自我实现等因素。人机融合智能可以做到这些考虑。也许真正的创新之源不在于科技，而在于人的主观世界（艺术、文学、哲学、宗教、管理）的启发。圣奥古斯汀说：汝若不信则不明。意思是：先信仰后理解。科学与宗教莫不如此，而大多数人都是：先理解后信仰……谈到文学的意义和价值，有人认为最重要的是它打开了人的可能性。在生活中，我们总是要去权衡各方面的选择，很多时候都被禁锢在一条固定的规整的道路上，美国诗人罗伯特·弗罗斯特在诗作《未选择的路》中就有这样的句子：“一片树林里分出两条路，而我选了人迹更少的一条，从此决定了我一生的道路。”相比之下，科学方法实质上是使用同质性假设来解决反事实问题，这在自然科学实验和日常生活中经常用到，反事实关系是一种虚拟蕴涵命题，常用产生式 if-then，如爱情与婚姻：有可能时没条件，有条件时没可能。这种反事实常常会涉及时间稳定性和因果关系短暂性。第一种解决反事实问题的科学方法是同时假设：时间稳定性，即输出 $Y(t)$ 的值不随时间变化而变化；因果关系稳定性，即个体之前是否受到干预或控制对输出 $Y(t)$ 的值无影响。第二种解决反事实问题的科学方法是假设个体同质性，即假设两个个体是相同的。然而事实上，这一假设在很多情况下是不存在的，对于认知科学和社会科学而言更是如此。

关系是怎样产生的？ being+should 共同使然。人的“自由意志”可以产生出关系。科学的怀疑与宗教的相信都建立在一个共同的前提下：赞同看不见的有存在，艺术也是如此。知识即是普遍客观可靠的，又是个人主观虚构的，既要相信又要怀疑，怀疑是科学的，相信是宗教的。知识是朝向实在的，而非当下符合实在的。当未来机器自己衍生出的理性与人的合理性融合（或反之）之际，会产生新的智能形式。认知科学家认为，我们用于理解现实世界的很多比喻都是基于我们的身体在物理世界中的体验。人机融合的本质是分布式，有智能的也有非智能的（如情和意）。人关注的常常是语义和语用，而不是单词和语法，人的学习不仅是建构，更重要的是还有发现，不但包括刺激、数据、信息、知识，还包括体验、经验和常识。读万卷书常常包括数据信息和知识，行万里路往往涉及刺激体验经验和常识。再多的知识也游不了泳，再多的理论也骑不了自行车。人的态势感知是一种主观的真实，像电影院里一样：虚拟的心理 + 生理的现实。

亚当斯密在《国富论》中指出“分工是文明的起点”。智能领域快速发展背景下人机融合智能发展战略的基本问题，也是在感知认知分工体系中找到和发挥比较优势。比较优势从来都是一个动态现象，发展初期的不利条件随着发展阶段的变化会逐步变成新的比较优势，这是快速发展领域中比较普遍的局部发展现象。如果相对落后部分找到了适合发挥自己比较优势的交互模式和具备融入结构体系能力的话，这些部分就开始进入智能快速增长的轨道。深入分析就会发现，人机智能都有自己独特的发展模式，其独特之处在于激励智能发展的不同变量做出了极不相同的贡献，但在本质上又有相似之处。

人工智能增长表面的决定因素是数据、算法、硬件优势，但是最终起作用的是认知和其他学科的不断突破。人机融合智能的特征之一，在于形式化和意向性两极之间不断增长的交互关联：一极是复杂环境的诸多影响；另一极是复合适应性的因势变化，见微知著。should 就是带有反事实推理性质，不是从后往前反事实，而是从前往后反虚拟的事实，与产生式的 if-then（倾向于规则）不完全相同，更侧重于主观性的意向。自然语言智能处理中语义中既包含 being 成分，又包含 should 成分，而语用则在很多情境下还含有 want 成分，语法里以 being 为主，所以语法、语义、语用的灵活性递增的同时，客观性在减弱，而语法是程序形式化的基础，从而是现有人工智能或自动化产品 / 系统的基础，按语法执行固然有些意料之外，但根本上仍没有主观的 should、want 出现，于是人机智能的融合就越发显得重要了。

有效的准则只存在于个人的认知行为中。双重概率，指主观概率 + 客观概率事件被偶然性支配的观念，以及只有在巧合的基础上这些事件才能模拟的有序模式，两者之间是有潜在关联的。检验这些巧合发生的概率并因此而检验在多大程度上允许设想它们发生。

所谓秩序就是人为合理性而产生的偶然，自然选择只能解释为什么不适者没有生存下来，而不能说明适者或不适者为什么会出现。组织是能够获得一个特定结果的任何力量的暂时集合。目的就是意向性，形式化就是一种组织，知识可视化的过程就是内部的心理知识和外部的物理知识之间的转化过程，概念图、思维导图、认知地图、语义网络是常用的知识可视化方法。知识可视化一般要考虑三个关键问题：要对什么类型的知识进行可视化？为什么要对这些知识进行可视化？如何对这些知识进行可视化？

分布式认知对于技术促进个体的心智模型的形成和显性化具有启发意义，心智模型是一种隐性知识，把个体的知识结构或知识库转化为外部表征，有助于知识共享和协同创新。认知科学研究早已表明，并非所有的认知任务都适合和都能够分布出去。在特定的认知任务中，哪些任务适用于内部表征，哪些任务适用于外部表征，是一项具有实践意义的研究问题。由于个体差异的存在，描述认知任务的不同表征形态极为困难。然而，每一种认知任务在其多样的表征背后都有特定的逻辑结构，认知任务的抽象结构可以作为分布式表征研究的突破口。认知任务的分布式表征，对未来数字化学习资源的设计将产生重要影响。

人的有意识行为总是指向某个结果，符合期待的结果即谓“目的”。“目者人眼，的者靶心”，目的是古人把“瞄准射中靶心”这一具体事物转化而成的抽象概念。乔纳森（Jonassen）强调将技术作为“学习者手里的工具”，相信学习者通过技术工具的使用能够获得很好的思维技能，即皮耶所说的“智力是实现的（Accomplished）而非拥有的（Possessed）”。分布式认知的前提是孤立情境下个体也能够认知的，只是借助工具会提高个体的认知效率（如果没有外部辅助，个体就难以进行高效率的认知加工）和效果（如果没有外部辅助，个体就难以达到理想的认知结果）。外部环境一般主要承担辅助记忆和辅助计算的功能。例如，当个体需要搜索某种知识时，可以利用外部知识存储的载体（如互联网、百科全书等）来弥补自己头脑中知识库的不足。

三、人类智慧的优势：从已知到未知

多重不确定性（知识的 + 理解的）造成了态势感知的不确定性。经验是朝向实在的，即从 should 到 being；陌生是实在朝向的，即从 being 到 should，自发是无意识、无规划的，自觉是有意识、有规划的。语言是人类之间和其他一些动物之间相互沟通交流的重要手段，目前人机之间交互沟通的主要方式还是使用人类的语言，什么时候机器也能产生自己的语言或人机之间产生一种能够相互沟通的语言，真正的革命就出现了……

人机融合智能的内涵是意向性 + 形式化。从事数学证明的最低要求是把数学证明的逻辑序列当作一个有目的的过程来理解，即庞加莱所言：使这一证明具有一致性的某种东西。而机器推理证明则没有这种一致性的东西，这种东西包含先验、经验、后验，也包含常识性的前提和条件，更包含多重非确定性融合出的直觉——非逻辑性的逻辑。第一人称往往没有 being，如童年般充满了 should。为人父母，才是真正的童年，主动多于被动……也许人类真正的童年是从为人父母开始的。

想象力是穿透现实的能力，犹如黑暗巷道里的矿灯。初中数学的很多定义和概念都是从形如开始的，如$\sqrt{a}$（$a \geqslant 0$），学习时为什么要这样很多人不知道，只知道这是规定要求，后来慢慢知道：平方根的物理意义是一个正方形的边长；其数学意义是对各次方程解能够定量描述。若把各方程看成数的关系，那么这些数的关系可以通过正方形（或多边形，或非欧曲面）的边长变化组合表征，进而说明数学与图学根本上一致性，数学既包括数也包括图，可惜现在的人工智能重数轻图，得形忘意了。其实，人工智能不但与数、图等形式化有关联，而且还应与非数、非图的意向性相关，智能本来就是关系（包括复杂、非复杂）的梳理、表征、获得、应用，而数学只是这种关系的一部分（甚至是极小的一部分）而已，人工智能又是智能的一小部分，所以当前 AI 的如火如荼就让人啼笑皆非了……人生就像数学，刚开始学是对的，现在可能就不对了，如$\sqrt{a}$，初中时，a 必须大于或等于 0，高中时出现了虚数，a 可以 <0……世界上没有绝对的，只有相对，甚至是相对的相对……很多关系是自带前提和条件的，“我爱你”的前提条件是“你值得我爱”，“你值得我爱”的隐含前提条件是“I 服了 U”，“I 服了 U”的隐含前提条件是“我忘了自己”，即忘我……许多回头的浪子常常把非家族相似性演绎出未知问题答案的合理性；不少根红苗正的

往往用家族相似性归纳不明情况趋势的可靠率。人生 = 有理化 + 合理化 + 数理化 + 非理化 + 道理化 + 经理化 + 心理化 + 生理化 + 物理化 + 文理化 + 天理化 +……+ 无理化。

机器智能的变是不变的变，人自然智能的变是变化的变。对于变化问题，机器智能为什么既是变也是不变的变。但问题在于：是对象在变，还是对象的表征在变？机器智能的对象大都是对象的表征，而不是对象本身。表征可以描述对象如何变，但只能是不变的变。只有把表征做特征映射，映射到现实对象那里，对象的变才是变化的变。

真正的发现不是一种严格符合逻辑的行为，美其名曰：惊险的一跳。启发式常常是不可逆的发现，产生式往往是可重复的推理和追溯。现在的智能体系还是产生式的剪枝遍历，还远没有出现启发式的跨域和跳跃，根本原因是没有出现非逻辑的逻辑——发现关系，不是相关关系。深度态势感知也包括容易生成第二态势感知，即本来第一态势感知，第一态势变化了，随机变化生成新的态势感。也意味着极好的调节能力。 一个问题就是一种理性的欲望（或叫准需求）。与其他欲望一样，它假定了有某种能使它满足的东西存在——答案。我们盯着那已知的资料，但不是盯着这些资料本身，而是把它们当成通向未知事物的线索，当作未知事物的提示和未知事物的构成部分。如高斯所言：“我已经有了自己的答案很长时间了，但是我却一直还不知道如何得出这些答案。”盖雷：“这个……好吧，我们设想万物皆有灵魂，采用拟人化的说法。这束光必须检查所有可能采取的路径，计算出每条路径将花费的时间，从而选出耗时最少的一条。”“要做到你说的这一点，那道光束必须知道它的目的地是哪里。如果目的地是甲点，最快路径就与到乙点全然不同。”像光一样，最快，如果没有一个明确的目的地，“最快路径”这种说法就失去了意义。也许这道光束事先必须什么都知道，早在它出发之前就知道。

四、从机器学习到学习机器

空间知觉是概念和符号理解的基础，概念只有指向了空间中的事或物，才有意义，才被理解。人类的知识论被看作隐含着关于心灵的本体论。机器智能的运作机制可以被认为是没有心灵的人工知识体系。小团队深度态势感知就是生理同感、心理同情、物理同理式的有机协作，但孤立的猩猩不是猩猩，篮球是我 5+ 敌 5+ 裁判 + 观众 + 电视的集体项目。

现代物理学经历了三个阶段，每一个阶段都在改变着人们对世界的认识：相信一种由数字和几何图形构成的体系；相信一个由力学上受到约束的种种质量构成的体系；相信种种由数学恒量构成的体系。第四种尚未闪现，但从趋势上（如量子）看，应该是包含主观成分的体系。主观，简单地说，就是认识所有的文字，但看不懂，犹如看花，就是好看，为什么好看，不知道……花儿为什么好看，一是人们习惯物理上的对称，形状颜色大小等，当然也有少数人不喜欢对称，如一些艺术家们；二是花有香气，生理舒服；三是心理可以寄托某种美好的表征……总之，这是一个非函数最优化过程。深度态势感知有多层，如黄炳煌说：打高尔夫球——只要自己打得好即可；打网球——还要留意对方，有来有往；打篮球——还要兼顾团队成员的合作。

如何从机器学习实现学习机器（行为），这是一个质的飞跃，如同人类的小孩子一般，除了感知效能之外，还有了认知智能：自组织、自适应、自主化，而不是它组织、它适应、自动化…… 推理放大器、态势放大器、态势感知放大器、感知放大器，吸引人们注意力的常常是夸张或变形的推理、归纳、演绎，由此我们可以尝试构建一种感知放大器、态势放大器，抑或态势感知放大器，用以解决吸引眼球的问题，这也是深度态势感知的起源，注意力的加强……

形式化的主要作用是把隐性因素降低而成为更有限制性和明显的非形式操作，但要完全消除个性化隐性参与就显得荒谬了。限制逻辑思维形式化的最重要定理出自哥德尔。那些定理基于这样的事实：在任何包括算术在内的演绎体系中，有可能建构一个公式即命题，而这个公式或命题在那个体系之内是无法通过证明来判定的。例如，在电影中，经常有不连贯的情境（包括时空、剧情、情感）出现，导演把这些离散的镜头呈现在你面前，这些镜头情境构成的电影体系是没有意义的，而是通过你——这个观众的主观和眼光把这些珠子串成一个有个性化意义的故事。这里，同意的行为再一次被证实在逻辑上是与发现行为相似的：它们本质上都是不可形式化的、直觉性的心灵决定。

自 2008 年金融危机以来，曾经一度较为边缘、冷战结束后渐被重视的米塞斯突然更受欢迎了。为什么呢？因为这位奥地利学派经济学家主张人的行为是复杂的，是有自由意志的，因而是难以计算和计划的。约翰 · 梅纳德 · 凯恩斯明白这个原则：在我看来，科学家通常遵循的那些物质规律特性的基本假设，就是物质界系统必须由个体组成……个体（态势）分别施加其独立恒定的效果，整体状态的变化是由许多个体（态势）的分别变化叠加而成的，而个体的分别变化又纯粹是个体之前状态的一个单独部分导致的。但是，对不同复杂程度的整体而言，很可能会有大不一样的规律，会有复合体之间的关联规律，而这种复合体之间的关联规律是不能用连接个体构成部分之间的规律来表述的。遍历过程就是老的一套来了又来，它不会因为时间或经验而发生变化。放在实际场景中来说就是：如果一个过程具有遍历性，那这个过程的概率分布，过了 1000 年后，也和现在看上去一模一样。你可以从这个过程的过去抽样，得到概率分布，预测其未来。驱动物理世界运作的机械过程具有遍历性。许多生物过程也是如此。

不久前，法国 Grenoble 大学的人工智能研究员 Julie Dugdale 开始研究压力下的人类行为。她说，“在地震中，我们发现人们会更害怕没有家人或朋友在身边，而不是害怕危机本身。”人们第一件事就是会去寻找他们所爱的人，并且愿意在这个过程中将自身陷入危险。在火灾当中，也是同样的情况。

五、强人工智能——人的智慧与人工智能握手言和

“强人工智能”一词最初是约翰·罗杰斯·希尔勒（John Rogers Searle）针对计算机和其他信息处理机器创造的，其定义为：强人工智能的观点认为计算机不仅是用来研究人的思维的一种工具；相反，只要运行适当的程序，计算机本身就是有思维的。”但事实上，Searle 本人根本不相信计算机能够像人一样思考，在这个论文中他不断想证明这一点。他在这里所提出的定义只是他认为的“强人工智能群体”是这么想的，并不是研究强人工智能的人们真正的想法。因此反驳他的人也不少。

拥有“强人工智能”的机器不仅是一种工具，而且本身拥有思维。“强人工智能”有真正推理和解决问题的能力，这样的机器将被认为是有知觉、有自我意识的。

强人工智能可以有以下两类。

类人的人工智能，即机器的思考和推理就像人的思维一样。

非类人的人工智能，即机器产生了和人完全不一样的知觉和意识，使用和人完全不一样的推理方式。

人机融合智能不是简单的人 + 机器，而是人 × 机器，简单地说就是充分利用人和机器的长处形成一种新的智能形式,是各种“有限理性”与“有限感性”相互叠加和往返激荡的结果。

人机融合智能就是由人、机、环境系统相互作用而产生的新型智能系统。之所以说它与人的智慧、人工智能不同，具体表现在三个方面：首先是在智能输入端，它是把设备传感器客观采集的数据与人主观感知到的信息结合起来，形成一种新的输入方式；其次是在智能的数据、信息中间处理过程，机器数据计算与人的信息认知融合起来，构建起一种独特的理解途径；最后是在智能输出端，它把机器运算结果与人的价值决策相互匹配，形成概率化与规则化有机协调的优化判断。人机融合智能也是一种广义上的“群体”智能形式，这里的人不仅包括个人还包括众人，机不但包括机器装备还涉及机制机理，除此之外，还关联自然和社会环境、真实和虚拟环境等。着重解决上述人机融合过程中产生的智能问题。例如诸多形式的数据、信息表征，各种逻辑、非逻辑推理和混合性的自主优化决策等方面。

人机融合智能研究是智能技术发展到一定程度的产物，它既包括人工智能的技术研究，也包括机器与人、机器与环境及人、机、环境之间关系的探索。

人机融合需要界定角色和责任，以及制定人机协作的规则，这种功能分配的根源在于如何想办法把人类的需求、功能及策略转换成机器感知、能力和执行。即如何把人的感知、理解、预测、反馈与机器的输入、处理、输出、迭代有机地融合在一起。

若人的智能可分为理智、情智和意智。那么现有的人工智能解决的主要是理智部分；伦理道德、宗教面对的常常是情智；意智是那些人文、艺术等创造性意识力衍生出的智能。理智涉及人的经验、规范和常识知识；情智包括超越、情感、信仰（看不见就相信）认识；意智蕴涵直觉、非理、想象能力。智能不是非此即彼的数学命题，而是可真可假的条件和尝试，是多个“我”之间的灵活自如的切换、同情、同理和迁移。从幼儿－儿童－青年－成人就是从无智－意智－情智－理智的过程，即从本能到智能的过程。

简而言之，不妨认为：强人工智能远在天边近在眼前，就是人机融合智能。

六、有关智能的一百个问题

（1）智能的本质是什么?

（2）愚蠢的本质是什么?

（3）自主的本质是什么?

（4）复杂的本质是什么？

（5）智慧的本质是什么？

（6）表征的本质是什么？

（7）数学的本质是什么？

（8）目的的本质是什么？

（9）逻辑的本质是什么？

（10）动机的本质是什么？

（11）辩证的本质是什么？

（12）类比的本质是什么？

（13）适应的本质是什么？

（14）悖论的本质是什么？

（15）人脑的本质是什么？

（16）自我的本质是什么?

（17）群智的本质是什么?

（18）感觉的本质是什么?

（19）知觉的本质是什么?

（20）直觉的本质是什么?

（21）意识的本质是什么?

（22）认知的本质是什么?

（23）学习的本质是什么?

（24）记忆的本质是什么?

（25）交互的本质是什么?

（26）常识的本质是什么?

（27）理解的本质是什么?

（28）洞察的本质是什么?

（29）数据的本质是什么?

（30）信息的本质是什么?

（31）知识的本质是什么?

（32）推理的本质是什么?

（33）公理的本质是什么?

（34）算法的本质是什么?

（35）决策的本质是什么?

（36）因果的本质是什么?

（37）解释的本质是什么?

（38）注意的本质是什么?

（39）信任的本质是什么?

（40）情感的本质是什么？

（41）责任的本质是什么？

（42）数学对于智能领域的局限性是什么？

（43）计算与算计的区别是什么？

（44）数学与逻辑的区别是什么？

（45）感性与理性的区别是什么？

（46）真实与虚拟的区别是什么？

（47）伦理与道德的区别是什么？

（48）人类与动植物的智能区别是什么？

（49）女人与男人的认知区别是什么？

（50）儿童与成人、老人认知的区别是什么？

（51）同构、同质知识的迁移规律是什么？

（52）异构、异质知识的迁移规律是什么？

（53）情境与非情境的迁移规律是什么？

（54）事实与价值是如何转化的？

（55）意向性与形式化是如何转化的？“得意忘形”机制是怎样形成的？

（56）态、势、感、知之间是如何转化的？

（57）公理与非公理推理是如何融合的？

（58）直觉决策与逻辑决策是如何融合的？

（59）为什么说高级智能是人物（机）环境系统交互的产物，而不是类脑？

（60）群体智能与个体智能的区别是什么？

（61）人、机、环境之间的动态交互界面是什么？

（62）物理、数理、生理、心理、伦理、管理等不同学科在智能领域中是如何转化的？

（63）为什么说科学只是智能的一部分，而智能是复杂性领域的一部分?

（64）计算、感知、认知、洞察等不同智能形式之间是如何转化的?

（65）确定性与不确定性之间是如何转化的?

（66）数字化、自动化、自主化、智能化与智慧化的区别是什么?

（67）怎样看待智能是一种有效处理时间空间矛盾的能力?

（68）在博弈中，人工智能目前的真实作用或功能（利弊）究竟有多大?

（69）如何看待智能的缺点和优点?

（70）智能是如何把不同角度、粒度、水平、文化的系统整合在一起的，尤其是非家族相似性系统之间的整合?

（71）怎样用有限的方式处理无限的智能?

（72）如何看待智能中“交”与“互”的工程化?

（73）如何看待虚拟训练中“聪明”反被“聪明”误的现象？

（74）如何看待人机环境与语法、语义、语用的关系？

（75）人机之间的否定、相等、蕴涵关系是如何形成的？

（76）人机交互（工效学、人机工程）、人机混合、人机融合、人机环境系统智能的区别与联系是什么？

（77）人与人交流中的同情、共感机制是怎样形成的？

（78）人类隐性、显性知识中概念的弥聚（弥散聚合）效应是怎样随着环境任务的变化而实现的？

（79）人机环境系统中不同数学工具与诸子任务实现的嵌入协同定位关系如何？如何计算性与可判定性之间的关联。

（80）在特定情境下，人失误和错误的形成机制是什么？

（81）反制智能的机理如何？

（82）反制人工智能的机制如何？

（83）自然数与智能的关系如何？如机器如何定义 0 和 1？

（84）拓扑（含数学拓扑）与智能的关系如何?

（85）机器学习与人类学习的差异是什么?

（86）机器如何产生类人的艺术? 例如猜谜语等感性智能。

（87）如何实现机器一多分有的表征机理? 如何运用半真半假、虚情假意等二义性。

（88）如何生成机器哲学? 机器如何实现类人或超人的辩证思维?

（89）智能与开放性的关系如何?

（90）类比、与或非及其组合之外的关系存在吗?

（91）启发式智能与产生式智能之间如何进行互换与匹配?

（92）如何建立起组织事实与价值的协同框架?

（93）机器如何实现反事实推理的收敛性? 或进行事实或价值的欺骗性?

（94）如何产生类人的机器映射、散射、漫射、映射机制?

（95）机器如何产生“勇敢”等的概念并实施之？

（96）机器如何建立起类“我”的概念，并可以进行“主体悬置”？

（97）如何实现人的“反思”与机器“反馈”融合？

（98）如何实现智能中小信息与大数据的并行处理？

（99）如何实现机器智能的社会性泛化？

（100）如何实现人与机器之间的有效协作及共同进化？

后记

自 2016 年 AlphaGo 战胜人类围棋手李世石以来，人工智能成为一时的热点，特别是在国家新一代人工智能发展规划推出之后，各种介绍人工智能或与之相关的书籍几乎是铺天盖地而来。

如果将人类智能与人工智能对立起来，在人工智能发展不足时很容易导致对人工智能的唱衰，在人工智能发展迅速时，又容易引发对人工智能的恐惧。正如书中所引，20 世纪 60 年代，匈牙利学者迈克尔·波兰尼在《默会维度》一书中指出，我们知道的远远超过我们能说出来的。这几乎是一种常识：从游泳、开车到人脸识别，人们都是凭直觉去做，但很难说出背后的规则或程序。谁也不会教小孩用什么步骤记住或再认出某个人的脸，因为这个自然习得的过程无须也无法编码。近年来，在有关人工智能未来发展的讨论中，麻省理工学院的经济学家戴维·奥特尔（David Autor）将这一思想命名为波兰尼悖论，用以强调那些需要常识、灵活性、适应性和判断力的人类直觉知识难以为自动化机器所替代。奥特尔指出，尽管自 1990 年以来各种计算资源呈指数级增长，自动化与智能化步伐不断加快，但波兰尼悖论阻碍了现代算法取代一些人工技能的企图。这一论点与德雷福斯对符号主义人工智能的批评如出一辙，再次将讨论引向人工智能发展的局限性和突破这种局限性的可能的争论。

大概是受到东方的关系与融合等整体思想的影响，笔者在这本书中尝试超越人机智能相互对立的智能观，转而将人工智能的未来刻画为人机智能融合这种愿景。在此认知框架下，笔者提出了一些值得讨论与反思的论点。在笔者看来，人机融合智能就是充分利用人和机器的长处形成一种新的智能形式。一方面，人能理解机器如何看待世界并在机器的限制内有效地进行决策，机器熟知与其配合的人并与其形成默契；另一方面，有效的人机融合意味着将人的思想带给机器，使机器操作符合人的个性与习惯，并随时随地随环境而变化，进而形成一种将客观数据与主观信息统一起来的心智体，实现“人 + 机 > 人或机”的效果。

与所有的有机整体论思想一样，这些对人机融合智能的阐述多少带有理想主义的色彩。将人机融合智能视为一种能够更好地反映人机之间本质关系的优于人机混合智能的“化合物”也好，强调人机融合智能科学要研究的是一个物理与生物混合的复杂系统智能也罢，或者将人机融合刻画为机机融合（器机理 + 脑机理）和人人融合（人情意 + 人理智），都难免有些许蓝图大于方案的意味。

但从创新的维度来看，正是这些看起来不那么现实的构想，或许有助于人们在更宽阔的思考空间中探究人工智能的未来路向。从读者看来，书中至少有两个观点揭示了人工智能发展的根本方向：一是认知不是计算，人工智能的发展要从以计算机为中心的认知转向“以人为中心”的认知，要把人类认知模型引入人工智能中，使其能够在推理、决策、记忆等方面达到类人类智力水平；二是笔者认为，人工智能伦理任重道远，目前的人工智能的伦理概念仅仅是人类强加在机器身上的，当务之急是弄清楚人类伦理中可以进行结构化处理的部分，唯其如此，才可能进而让机器学习，以形成自己的伦理体系。

不论未来的前景是乐观还是悲观，人工智能都堪称人类最后的发明。即便是惯于反思与批判的笔者，面对人工智能这一地球生命智慧的圣杯，也满心希望书中的蓝图可以落地成真：当下基于计算的人工智能体能将演化为人类心智与机器智能合一的心智体。

正如美国心理学家威廉·詹姆斯的箴言所说，智慧是一种忽略的艺术。让笔者停止絮叨，还请读者诸君得闲开卷，一任思绪随作者富有穿透力的思考与灵感飞扬激荡，同时也希望这是一部既有一定高度、深度，同时也有温度的作品。

同时，本书想告诉读者们的是，世界并不像毕达哥拉斯和伽利略所说的那样："万物皆数"和"数学是描述宇宙的语言"，其实，在数和数学之外还有更广阔的世界。

最早把数的概念提到突出地位的是毕达哥拉斯学派。他们很重视数学，企图用数来解释一切。宣称数是宇宙万物的本原，研究数学的目的并不在于使用而是为了探索自然的奥秘。他们从五个苹果、五个手指等事物中抽象出了五这个数。这在今天看来很平常的事，但在当时的哲学和实用数学界，这算是一个巨大的进步。在实用数学方面，它使得算术成为可能。在哲学方面，这个发现促使人们相信数是构成实物世界的基础。它同时任意地把非物质的、抽象的数夸大为宇宙的本原，认为“万物皆数”“数是万物的本质”，是“存在由之构成的原则”，而整个宇宙是数及其关系的和谐的体系。毕达哥拉斯将数神秘化，说数是众神之母，是普遍的始原，是自然界中对立性和否定性的原则。

实事求是地说，当前人工智能领域的根源就是数学，无论是符号主义、连接主义还是行为主义、机制主义，离开了基于规则和统计的数学体系，人工智能的大厦顷刻间就会老老实实地恢复成自动化，甚至是机械化、木牛流马化，为什么？原因很简单，有机无人，或者说，有智无慧。

帕斯卡尔在《人是一根能思想的苇草》里说：“思想形成人的伟大”。能思想的苇草，即我不是求之于空间，而是求之于自己的思想的规定。我占有多少土地都不会有用；由于空间，宇宙便囊括了我并吞没了我，有如一个质点；由于思想，我却囊括了宇宙。

依照目前的数学体系，在可见的未来，机器应该不会产生出“思想”，更不会伟大到可以“描述宇宙”，原因中姑且不再谈“哥德尔不完全性定理第一、二定理”，就是特定情境中状态参数的设置和表征、非公理的逻辑矛盾、直觉反思的不确定性就让当代的数学现形不少了，而那些真以为和假以为数学能够包打天下的学者可以抽空静下来，停止吆喝，问问自己在家能不能不靠父母，在外能不能不靠数学，仓廪实而知礼节呢？

数学很美，但数学也像其他学科一样也有不美的地方，这个应该承认，就是科学也有许许多多不美之处，AI 更是如此：不要像当年的神学一样从鼎盛走向衰亡……

哈耶克认为：尽管事实本身从来不能告诉我们什么是正确的，但对事实的错误解读却有可能改变事实和我们所生活的环境。当你看到一个人跑得很快，但缺失一只胳膊，如果你由此就得出结论说，缺只胳膊是他跑得快的原因，你自然就会号召其他人锯掉一只胳膊。这就是哈耶克所说的对事实的理解会改变事实本身的含义。

霍金教授在《大设计》一书中写道："真实世界就像地图、山川图、气象图、建筑图等叠加，才无限趋近真实，单独看任何一张都只代表局部的真实。个人站在自己的观测点上，看到的是局部真实，观测点越高，越能看到更多真实。我们要做的是把试图改变他人局部的力气收回来，尊重对方的局部真实，不要求他人的认同，因为地图和地图的重合点其实是很少的，同时努力提高自己的观测点，去看到更多的真实。"据此，我们能否建立一个人实时建模（处理信息和知识）+ 机器旧时建模（处理数据）结合在一起的动态人机融合学习模型呢？进而用人的情境意识和机器的态势感知融合把事实与价值统一起来，铸造出感它、知异这把利剑并搭起聚态、弥势这座桥梁。

人机融合智能是复杂性研究领域，而不仅是科学问题，还包括非科学问题。客观地说，复杂性科学是一个错误的概念，复杂性是一个多学科融合的过程，而科学则是“分科而学”的过程，一个聚合过程，一个弥散过程，一正一反，所以正确的称谓应该是复杂性研究领域。智能就是复杂性研究领域中的一个突出代表，它根本不是“分科而学”的科学，而是融合多学科的复杂性。

人机融合的矛盾在于：人发散，机收敛；人辩证，机规则；一弥一聚，一动一静。再有我们面对的常常不是一个问题，而是交织在一起的一群不同问题。所以运用单纯的数理逻辑方法很难实现解决的目的，所以还需要同时使用形式逻辑、辩证逻辑，甚至非逻辑手段。

机器学习甚至人工智能的不确定性和不可解释性主要缘于人们发现发明的归纳、演绎、类比等推理机制确实有可能导致某种不完备性、不稳定性和相悖矛盾性，而且随着计算规模的不断扩大，这些不确定性和不可解释性越大。而人类的反事实推理、反价值推理可以从虚拟假设角度提前预防或预警这些形式化的自然缺陷。把人机融合体当作一个认知主体，更有利于解决复杂性问题，只是需要解决在不同任务下的如何融合的问题。另外，一人一机的单一融合与多人多机的群体融合从根本机理上也会很不相同，正可谓：三个臭皮匠顶个诸葛亮。

未来社会的快速发展面临的一个关键问题是：人—机—环境系统如何在高速运行的同时保持协调发展。这里的“人”涉及管理者、设计者、制造者、营销者、消费者、维护者等；“机”不但指智能装备中的软件、硬件，还涉及产业链中各环节之间衔接的机制机理；“环境”则涉及诸多领域的“政用产学研商”合作协同环境。一个理想的社会发展体系，应该同时实现高效发展、精准治理和人文关怀。如何实现呢？可通过人—机—环境系统三者之间态、势、感、知的相互作用，在人性与机性之间实现有机平衡。

此次疫情是对世界各国发展的一次大考。令人欣慰的是，通过艰苦努力后，中国已逐渐摆脱疫情困扰，目前正在布局的“新基建”与过去的传统基建明显不同，聚焦领域倾向 5G、人工智能、大数据等新一代数字技术，希望能够在这些高新技术落地之际，进一步加强人机环境系统的协调规划和发展，从而百尺竿头更进一步，实现中华民族的伟大复兴。

感谢我的导师袁修干先生和我的朋友韩磊老师。

感谢王赛涵、陶雯轩、何树浩、韩建雨、伊同亮在本书撰写之初给予的建议与支持，感谢瞿小童、罗昂在本书编写过程中给予的大力帮助，感谢牛博、王小凤、马佳文、金潇阳、武钰等同学在编写过程中提供的参考意见，同时也感谢国家社科基金重大项目“智能革命与人类深度科技化前景的哲学研究”（项目批准号：17ZDA028）的支持，以及各位专家和学者的激发、唤醒、探讨。

本书也算是完成对一位朋友多年前的承诺，也感谢我所有亲朋好友对我一直以来的鞭策和支持，尤其感谢清华大学出版社白立军老师的大力支持。

至此结束之际，真诚地感谢您的阅读，望不吝指正，谢谢。

参考文献

[1] Silver D , Huang A , Maddison C J , et al. Mastering the Game of Go with Deep Neural Networks and Tree Search[J]. Nature, 2016, 529(7587):484-489.

[2] Mica R E, Daniel J G. Situation Awareness Analysis and Measurement[M]. Lawrence Erlbaum Associates, Inc, 2000:5-15.

[3] Collobert R , Weston J , Bottou L , et al. Natural Language Processing (Almost) from Scratch[J]. Journal of Machine Learning Research, 2011.

[4] Hinton G, Deng L, Yu D, et al. Deep Neural Networks for Acoustic Modeling in Speech Recognition: The Shared Views of Four Research Groups[J]. IEEE Signal Processing Magazine, 2012, 29(6):82-97, 108.

[5] 刘伟 . 人机融合智能的现状与展望 [J]. 国家治理 , 2019, 220(04):9-17.

[6] 刘伟 . 有关军事人机混合智能的几点思考 [J]. 火力与指挥控制 , 2018, 43(10):5-11.

[7] 刘伟 . 追问人工智能：从剑桥到北京 [M]. 北京：科学出版社，2019，10:10-17.

[8] 库兹韦尔 . 奇点临近 [M]. 李庆诚，董振华，田源，译 . 北京：机械工业出版社，2011.

[9] 刘伟 . 人工智能的未来——关于人工智能若干重要问题的思考 [J]. 人民论坛 · 学术前沿，2016：4-11.

[10] 刘伟 . 智能与人机融合智能 [J]. 指挥信息系统与技术，2018：1-7.

[11] 刘伟，库兴国，王飞 . 关于人机融合智能中深度态势感知问题的思考 [J]. 山东科技大学学报：社会科学版，2017：10-17.

[12] 维纳 . 人有人的用处：控制论与社会 [M]. 陈步，译 . 北京：北京大学出版社，2010.

[13] 约瑟夫·巴－科恩，大卫·汉森 . 机器人革命：即将到来的机器人时代 [M]. 潘俊，译 . 北京：机械工业出版社，2015.

[14] Wickens C D, McCarley J, Thomas L, et al. Attention-Situation Awareness (A-SA) Model[C]. NASA Aviation Safety Program Conference on Human Performance Modeling of Approach and Landing with Augmented Displays, 2003: 189.

[15] Hooey B L, Gore B F, Wickens C D, et al. Modeling Pilot Situation Awareness[J]. In Human Modelling in Assisted Transportation, 2011: 207-213.

[16] 吴朝晖 , 郑能干 . 混合智能：人工智能的新方向 [J]. 中国计算机学会通讯 ,2012, 8: 59-64.

[17] Pearl J, Mackenzie D. The Book of Why: The New Science of Cause and Effect[J]. Basic Books, 2018, 361(6405): 855-855.

[18] Harnish R M, Minds, Brains. Computer: An Historical Introduction to the Foundations of Cognitive Science[M]. Oxford: Blackwell Publishing Ltd, 2008: 1-290.

[19] José Luis Bermúdez. Cognitive Science[M]. Cambridge：Cambridge University Press，2010.

[20] 司马贺 . 人工科学 [M]. 上海 : 上海科技教育出版社 ,2004.

[21] 刘伟 , 袁修干 . 人机交互设计与评价 [M]. 北京 : 科学出版社 ,2008.

[22] 刘伟，伊同亮 . 关于军事智能于深度态势感知的几点思考 [J]. 军事运筹与系统工程，2019.

[23] 刘伟 .2019 年人工智能研发热点回眸 [J]. 科技导报，2020，38（1）.

[24] 刘伟 . 人机融合智能时代的人心 [J]. 学术前沿，2020.

[25] Liu W, Cao G X. Bi-Level Attention Model for Sentiment Analysis of Short Texts[J]. IEEE Access,2020.

[26] 海伦 · 夏普 . 交互设计——超越人机交互 [M]. 刘伟，等译 .5 版 . 北京：机械工业出版社，2020.